OTMAR DIEZ

EIN GUTES DUTZEND

WILDE BEEREN

FINDEN & GENIESSEN

KOSMOS

INHALT

SUPERFOOD AUS DER HEIMISCHEN NATUR

Immer mehr vor allem junge Menschen und Familien zieht es in den vergangenen Jahren wieder hinaus in die Natur, und das ist gut so! Der Aufenthalt in der Natur ist die allerbeste Möglichkeit zum Stressabbau und eine tolle Gelegenheit, um gemeinsame Zeit zu verbringen. Dieser Trend zeigt sich auch, wenn man in einer Buchhandlung oder Zeitungsauslage vor den zahlreichen Büchern und Zeitschriften zu Naturthemen steht. Die Veröffentlichungen von Autoren, die Zusammenhänge in der Natur eindrucksvoll erklären und mit zum Teil verblüffenden, neuen Erkenntnissen überraschen, befinden sich regelmäßig weit vorne auf den Bestsellerlisten. Oft geht es dabei nicht mehr einfach nur darum, in der Natur spazieren zu gehen, der Wunsch, mit Wildkräutern zu kochen oder selbst gesammelte Pilze zu verzehren, spielt eine zunehmend größere Rolle. Hierbei dürfen wilde heimische Beeren selbstverständlich nicht fehlen. Sie gehören mit zu den gesündesten Nahrungsmitteln, die die Natur zu bieten hat. Wenn du dich mit den Früchten von Sträuchern und Bäumen näher beschäftigst, merkst du schnell, mit welchen einheimischen Superfoods du es hier zu tun hast. Ich habe die Beeren vor einigen Jahren für mich entdeckt und diese seitdem fest in meine Ernährung eingebaut.

Den meisten Kindern macht es viel Freude, in der Natur zu sein, um Pilze oder Beeren zu sammeln.

Nimm dir Zeit!

Beeren in der Natur zu sammeln hat neben der Bereicherung deines Speiseplans noch einen anderen, zum Teil unbekannten Effekt. Bist du es im normalen Lebensalltag gewohnt, alles in großer Eile zu erledigen und immer und überall an große Mengen von Nahrungsmitteln zu gelangen, so sieht das beim Ernten wilder Früchte schon ganz anders aus. Hier herrscht die Langsam- und Behutsamkeit. Wilde Beeren sind meistens kleiner als die Zuchtformen, sie hängen nicht unbedingt an leicht zugänglichen Zweigen und zusätzlich stellen sich oft Dornen an den Ästen in den Weg. Schnell wird klar, wie viele Stunden täglich unsere Vorfahren mit der Nahrungsbeschaffung verbringen mussten und wie mühselig das war. Umso mehr wirst du eigenhändig zubereitete Speisen zu schätzen wissen. Ein Glas Hagebuttenmarmelade aus selbst gesammelten Früchten bekommt plötzlich einen vollkommen anderen Stellenwert und ist ein außergewöhnliches und besonderes Geschenk.

Meditatives Beerensammeln – für viele eine neue Erfahrung.

Wildbeeren sammeln

Einige heimische Beeren, wie zum Beispiel Heidelbeere, Brombeere und Preiselbeere wachsen am Boden und sind bequem zu ernten. Bei Holunder, Sanddorn, Schlehe, Weißdorn oder Vogelbeere sieht das jedoch anders aus. Manche dieser Früchte wachsen noch auf Augenhöhe und lassen sich wunderbar ohne Mühe einsammeln. Andere hängen unerreichbar in dichten Hecken und meterhoch auf dem Baum. Einige kannst du noch mit kleinen Tricks ernten. Die Früchte, die dann noch übrig bleiben, sind eine beliebte und wichtige Nahrungsquelle für die heimische Vogelwelt. Ich finde es sehr hilfreich, wenn beim Sammeln beide Hände eingesetzt werden können. Mit einer Hand

Vorsicht, Dornen! Ein Handschuh schützt die Hände.

kannst du die Äste festhalten oder heranziehen, mit der anderen die Beeren ernten. Sind sie zu weit entfernt, leistet dir ein Stock mit einem Haken daran ausgezeichnete Dienste. Am besten nutzt du zum Greifen einen wirklich dicken Handschuh. Die Zweige einiger Beerensträucher haben spitze Dornen, an denen man sich erheblich verletzten kann. Zum Schluss brauchst du noch einen Korb, der am Körper hängt, und schon kann es losgehen. Bei der Ernte ist es wichtig, behutsam vorzugehen und die Früchte rasch zu verarbeiten. Sie neigen schon bei der geringsten Verletzung in kurzer Zeit zum Schimmeln. Achte auch darauf, ausschließlich die Früchte zum Verzehr zu sammeln, die du sicher erkennst!

Gute Sammelorte

Beim Sammeln von Beeren und anderen Naturschätzen solltest du ein paar Voraussetzungen beachten. Sammle weit weg von Straßen und Flächen, die in irgendeiner Weise belastet sein könnten, zum Beispiel durch Landwirtschaft oder Autoabgase. Der Wald ist von Juni bis Oktober ein prächtig gedeckter Tisch, den du nutzen kannst. Viele Hecken sind in öffentlicher Hand und niemand wird irgendetwas dagegen haben, wenn du dort Hagebutten oder Weißdornbeeren sammelst. Es kann aber trotzdem passieren, dass du gefragt wirst, was du mit den Beeren vorhast. Sind die Hecken in privater Hand, ist es immer

Hier passt alles: Genügend Abstand zum Acker, ein Stock mit Haken und ein Sammelkorb der am Körper hängt.

empfehlenswert, den Eigentümer um Erlaubnis zu fragen. Ein Glas mit »Schlehen-Oliven« oder ein Fläschchen Schlehenwein als Geschenk an den Grundstücksbesitzer öffnet dir vielleicht die Tür für die nächsten Jahre. Absolut tabu sind Naturschutzgebiete und fremde Gärten, in denen Beeren angebaut werden.

Die Angst vor Zecken und dem Fuchsbandwurm

Viele Menschen haben vor Zecken und dem Fuchsbandwurm gehörigen Respekt oder Angst und verzichten deshalb auf den Verzehr von Früchten aus der Natur. Ich möchte versuchen, das Ganze ein Stück weit aufzuklären.

Erkundige dich vor dem Sammeln immer nach dem möglichen Schutzstatus eines Gebietes. Naturschutzgebiete sind tabu!

Die Zecke wird zum Teil als das bedrohlichste Tier in Deutschland angesehen, denn ein Biss dieses nur wenige Millimeter großen Spinnentieres kann FSME und Lyme-Borreliose übertragen und zu schweren Infektionen führen. Die beste Möglichkeit, dem zu entgehen, ist, sich vor dem Biss zu schützen. Die Socken über die Öffnungen der Hosenbeine zu ziehen und helle Kleidung zu tragen ist besonders effektiv. Außerdem gibt es wirksame Sprays und verschiedene Öle, die du zur Abwehr nutzen kannst, und zu guter Letzt kannst du dich gegen FSME impfen lassen. Nach dem Sammeln solltest du dich außerdem gründlich nach Zecken absuchen. Wo in Deutschland die größte Gefahr besteht, kannst du jederzeit im Internet nachlesen. Zecken kommen im Übrigen genauso in unseren Gärten vor.

Der Fuchsbandwurm ist ein Parasit, der vom Fuchs übertragen wird. Der schlaue Fuchs ist dem Menschen längst bis in die Zentren der Städte gefolgt, weswegen potenzielle Ansteckungsmöglichkeiten nicht mehr nur im Wald, sondern ebenso in unseren Gärten lauern. Du solltest dir aber bewusst sein, dass es in Deutschland nur ca. 50 neue Erkrankungsfälle pro Jahr gibt und die Hauptüberträger Haustiere und vor allem Hunde sind. Das relativiert die Gefahr erheblich. Die Eier des Fuchsbandwurms sterben bei Temperaturen über 60 °C zuverlässig ab, jedoch leider nicht im Gefrierschrank. In Bodennähe gesammelte Beeren solltest du immer gründlich abwaschen, so kannst du die Ansteckungsgefahr weiter minimieren.

»Beerengesund«

Man muss nicht in die Ferne schweifen, um an gesunde Früchte zu gelangen. Auch einheimische Beeren stecken voll wertvoller Inhaltsstoffe, Mineralien, den Vitaminen A, C, E, Kalium, Calcium, Phosphor, Pektin, Carotin, Folsäure, Silizium, Zink, Eisen, Magnesium und vielen Ballaststoffen. Nicht zu vergessen die entzündungshemmenden, blutdruckregulierenden, antiviral und antioxidativ wirkenden sekundären Pflanzenstoffe wie Flavonoide und Anthocyane. Wer regelmäßig Beeren isst, tut nachweislich Gutes für seine Gesundheit. Das belegen immer mehr Untersuchungen, die im Zusammenhang mit diesen Früchten durchgeführt wurden. In einer Studie der Harvard School of Public Heath konnte zum Beispiel nachgewiesen werden, dass der wöchentliche Verzehr einer Schale Heidelbeeren das Herzinfarkt-Risiko um ein Drittel senkt. Außerdem erhöht sich die Gedächtnisleistung um 25 %. Vor allem dunkle Beeren enthalten reichlich Anthocyane. Sie hemmen das Risiko für chronische Entzündungsprozesse, die bei der Entstehung von Krebs und Herz-Kreislauf-Krankheiten mitwirken, helfen, den Körper vor Schädigung durch freie Radikale zu schützen und sind in der Lage, beschädigte Zellen wieder zu reparieren. Im Übrigen schützt du durch den Verzehr von Beeren deine Nerven und unterstützt die Bildung neuer Nervenzellen, gleichzeitig werden Ablagerungen in den Arterien verhindert. Um herauszufinden, welche der Früchte besonders hochwertig sind, kannst du dir folgende Regel merken: je dunkler, desto

Powerfood aus der Natur! In den Sommer- und Herbstmonaten ist der Beerentisch reich gedeckt.

Ein Gartenzaun in sonniger Lage ist ein optimaler Platz für Brombeeren, um sich auszubreiten.

besser. Gleichzeitig enthalten Beeren im Vergleich zu den allermeisten Obstsorten wesentlich weniger Fruchtzucker, der die Leber belastet.

Beeren nutzen

Frische Früchte enthalten noch am meisten wertvolle Inhaltsstoffe. Daher solltest du sie, wo immer das möglich ist, pflückfrisch verzehren. Eine echte Alternative sind Beeren aus dem Tiefkühlfach. Hier bleiben die Inhaltsstoffe rund ein Jahr erhalten. Im Gegensatz dazu gehen die gesundheitlich wirksamen Substanzen beim Erhitzen zur Herstellung von Marmelade und Kuchen leider fast vollständig verloren.

Ein eigener Beerengarten

Wenn du einen eigenen Garten besitzt, kannst du je nach Platzangebot den ein oder anderen Beerenstrauch oder Baum pflanzen. Das hat den großen Vorteil, dass du die reifen Früchte zum optimalen Zeitpunkt ernten kannst. Es ist wichtig, dass du dich im Vorfeld genau über die zu erwartende Wuchshöhe und die erforderlichen Bodenverhältnisse informierst, damit du mit deinen Pflanzen viel Freude hast. Viele Menschen können sich nicht vorstellen, dass in kurzer Zeit aus einem unscheinbaren Holunderpflänzchen ein meterhoher Strauch wird. Für den Garten eignet sich zum Beispiel ein einzeln stehender Holunder- oder Sanddornstrauch, Himbeeren mit einem Rankgerüst, Brombeeren entlang eines Zauns, Heidelbeeren in Töpfen und eine Eberesche als Hausbaum. Weißdorn und Schlehe kommen wegen ihrer Wuchsfreudigkeit für einen Garten eher weniger infrage. Heute gibt es in Baumschulen oder Gartencentern eine große Auswahl an Beerensträuchern. Durch eine geschickte Auswahl kannst du dich lange mit Beeren versorgen.

SAURES FRÜCHTCHEN

DIE BERBERITZE

Wenn du im Frühjahr in lichten Kieferwäldern unterwegs bist, kannst du auf einen eindrucksvoll gelb blühenden Strauch stoßen – die Berberitze. Sie wird auch Sauerdorn oder Essigbeere genannt. Tatsächlich schmecken die vitaminreichen Früchte säuerlich. Übrigens sind nur die Beeren essbar, der Rest der Pflanze und die Wurzeln im Besonderen sind giftig.

BERBERITZE

Berberis vulgaris

Der stachelige Strauch mit seinen länglichen roten Beeren ist in vielen Kulturen Nahrung und Heilmittel. In der Natur und unseren Gärten ist die Berberitze aber auch eine wichtige Nahrungsquelle für Vögel und Insekten.

SO SIEHT SIE AUS!

Rote Beeren und spitze Dornen

Die Berberitze ist ein sommergrüner und bis zu 3 m hoher Strauch. In den Monaten Mai und Juni kannst du sie an ihren traubenförmigen, nach unten hängenden gelben Blütenständen erkennen. Die gezähnten Blätter werden bis zu 5 cm lang und wachsen in kleinen Büscheln an den hellgrauen und rötlichen Zweigen. In den Blattachseln sitzen äußerst spitze Blattdornen, auf die du beim Sammeln achten solltest. Zum Ende des Sommers erscheinen die bis zu 1 cm langen, schmalen und roten Beeren ebenfalls in Trauben. Im Herbst verfärben sich die Blätter beeindruckend rot, gelb oder orange, die Berberitze ist dann schon von Weitem zu erkennen.

Zur Blütezeit besuchen zahlreiche Bienen und Schmetterlinge die Berberitze.

Fleißarbeit beim Sammeln

Die Dornen und Früchte der Berberitze stehen nahe beieinander an den Zweigen. Dementsprechend ist es zu empfehlen, konzentriert zu sammeln. Reif sind die Beeren, wenn sie eine intensive rote Farbe haben und außerdem schon weich geworden sind. Da die kleinen, länglichen Früchte in den Ritzen eines Sammelkorbes landen würden, gibst du sie am besten in eine separate Schale in deinem Korb. In Jahren, in denen die Sträucher reichlich behangen sind, hast du rasch die gewünschte Menge gesammelt. Die Beeren, die du nicht gleich benötigst, kannst du auf einem Gitter, im Backofen oder im Dörrgerät trocknen.

Die Dornen sind sehr spitz und gut versteckt.

SO FINDEST DU SIE!

Wann?
Ab Ende August bis Oktober

Wo?
Die Berberitze liebt Wärme. Demzufolge wächst der Strauch auf eher trockenen, sonnigen bis halbschattigen und kalkhaltigen Standorten. Du findest sie entlang von Waldrändern, Hecken und Lichtungen. Bevorzugte Wuchsorte sind lichte Kiefernwälder. In den Alpen gedeiht die Berberitze bis in eine Höhe von 2500 m. Sie ist in fast ganz Europa zu finden, außer auf den Britischen Inseln und in Skandinavien.

Wie?
Du kannst die Beeren entweder mit einer kleinen Schere am Ende einer Beerentraube abschneiden oder vorsichtig mit der Hand einzelne Früchte ernten.

Eine typische Szene: reichlich Früchte an der Berberitze und ein Wacholder als Nachbar.

Beste Freunde
Kiefer, Wacholder

VORSICHT VERWECHSLUNG!

Thunbergs-Berberitze ☠
- Ähnliche Beeren
- Bis zu 2 m hoch
- Wächst straff und aufrecht
- Dornen bis 1,5 cm lang
- Blätter ganzrandig
- Blüten meist einzeln oder zu zweit
- Zierstrauch in Gärten und Parks

Mahonie 🍴
- Ähnliche gelbe Blüten
- Beeren blau-gräulich, nach dem Kochen essbar

GUT FÜR LEBER UND GALLE

TIPP *Aus den Beeren kannst du mit einem Entsafter einen frischen Saft gewinnen. Dieser wirkt zur Stärkung des Zahnfleisches oder findet bei Zahnfleischbluten Verwendung.*

Während die Früchte reichlich Vitamin C aufweisen, enthalten die Wurzeln verschiedene giftige Alkaloide, Berbamin und Berberin. Man geht davon aus, dass die Berberitze bereits seit der Antike zu Heilzwecken genutzt wurde. Als pflanzliche Drogen werden heute die Beeren und die Wurzelrinde ausschließlich in der Homöopathie verwendet. Die Einsatzgebiete sind rheumatische Erkrankungen, Nierensteine, Harnwegsentzündungen, Leber- und Gallenstörungen sowie Hautleiden. Auch Pfarrer Kneipp wusste um die Heilkraft der Berberitze und setzte ihre Extrakte bei Magen- und Gallenproblemen ein. Während der Schwangerschaft und in der Stillzeit sowie bei fieberhaften Nierenerkrankungen solltest du sie jedoch nicht essen und auf keinen Fall Behandlungen mit Berberitze durchführen.

SO KANNST DU SIE VERWENDEN!

Der säuerliche Geschmack der Berberitze ist in Kombination mit Schokolade sehr interessant. Getrocknet passt sie vortrefflich in ein Früchtemüsli und aus dem Beerensaft lassen sich leckere Fruchtsäfte, Marmelade und Sirup herstellen. In der arabischen Welt sowie in Indien werden gedörrte Berberitzen hauptsächlich zu Reis- und Fleischgerichten serviert.

Energiekugeln
Eine zerdrückte Banane mit 200 g zarten Haferflocken, 3 EL Honig, 200 g gemahlenen Nüssen und 3 EL getrockneten Berberitzen vermischen. Den Teig zu schönen Kugeln formen und je nach Geschmack in Schokoladen- oder Kokosraspel rollen. Im Kühlschrank können die Energiekugeln für einige Tage aufbewahrt werden.

Schokolade süß-sauer
2 Tafeln Schokolade langsam in einem Topf schmelzen lassen. Eine Handvoll getrocknete Berberitzen einrühren. Die Masse nun dünn in eine Form geben und auskühlen lassen. Die süß-saure Komponente macht diese Mischung zu einem vollkommen neuen Geschmackserlebnis.

Berberitzen-Essig
Etwa 300 g gewaschene Berberitzen leicht stampfen und die Früchte mit dem entwichenen Saft in eine weithalsige Flasche geben, mit 0,4 l Rotweinessig auffüllen. Die verschlossene Flasche für 2 Wochen an einen kühlen und dunklen Ort stellen und gelegenlich schütteln. Danach abfiltern und den Essig mit 100 g Zucker kurz aufkochen. Anschließend in sehr saubere Flaschen abfüllen.

GEKÜHLTE FISCHFILETS IN WALNUSS-BERBERITZEN-SAUCE

So geht's

1. Die Berberitzen verlesen, in einem Sieb kalt abbrausen. In einen kleinen Topf füllen und mit dem Esslöffel zerdrücken. 100 ml Wasser dazugießen, einmal aufkochen und beiseitestellen.
2. Das Fischfilet kurz kalt abbrausen und trocken tupfen. Die Zwiebeln schälen und in Scheiben schneiden, mit Lorbeerblättern und Pfefferkörnern in einen breiten Topf geben, ½ l Wasser dazugießen, salzen und aufkochen. Den Topf vom Herd nehmen, das Fischfilet einlegen und 5 Minuten ziehen lassen. Mit dem Schaumlöffel aus dem Sud heben, auf eine Anrichteplatte legen und abkühlen lassen. Die Garflüssigkeit aufheben.
3. Den Knoblauch schälen und grob würfeln. Von den Walnusskernen ein paar schöne beiseitelegen, die übrigen in Stücke brechen. Im Mixer die Korianderkörner zu Pulver mahlen, Knoblauchwürfel und zerkleinerte Walnusskerne dazugeben und ebenfalls mahlen. Die Zwiebelringe aus dem Sud heben und zugeben. Die Mischung in einen Topf füllen, mit Paprikapulver und so viel von der Garflüssigkeit verrühren, dass eine dickflüssige Sauce entsteht. Langsam aufkochen und offen 10 Minuten bei schwacher Hitze köcheln lassen, dabei öfter umrühren.
4. Die Berberitzen samt Kochflüssigkeit zu der Sauce rühren, mit Zimt und Salz abschmecken. Alles weitere 10 Minuten bei schwacher Hitze ziehen lassen. Durch ein Sieb über das Fischfilet gießen. Filet 1 Stunde im Kühlschrank ziehen lassen. Mit den restlichen Walnusskernen garniert und nach Geschmack mit Petersilie umstreut servieren.

Zutaten für 4 Portionen

50 g Berberitzen
1 Fischfilet (ca. 500 g; Rotbarsch, Seelachs oder Kabeljau)
2 Zwiebeln
2 Lorbeerblätter
1 TL schwarze Pfefferkörner, Salz
4 Knoblauchzehen
125 g Walnusskerne
1 TL Koriandersamen
1 TL scharfes Paprikapulver
½ TL gemahlener Zimt
grob gehackte Petersilie

Zeitbedarf: 45 Minuten + 1 Stunde kühlen

EINE WAHRE VITAMINBOMBE

DIE BROMBEERE

Brombeeren überwuchern in Wäldern oftmals große Freiflächen. Ihr undurchdringliches, dorniges Dickicht hält eine der köstlichsten Wildbeeren bereit. Sie sind jedoch nicht nur kostbares Nahrungsmittel, die Blätter und Beeren werden ebenso in der Naturheilkunde geschätzt. Neben Himbeeren und Heidelbeeren gehören sie zu den gesündesten Früchten unserer Heimat.

BROMBEERE

Rubus fruticosus

Keine andere Beere erobert Kahlschläge so rasch wie die Brombeere. Sie klettert Sträucher und Bäume empor und an ihren stacheligen Zweigen bleibt man beim Sammeln schnell mit der Hose hängen. Für Vögel und andere kleine Tiere bieten die Ranken einen geschützten Lebensraum.

SO SIEHT SIE AUS!

Ein Name für viele Arten

Hinter der Bezeichnung Brombeere, verbergen sich in Deutschland etwa 400 und in Europa sogar 2000 Arten. Für uns spielt das keine Rolle, denn essbar sind sie alle. Die Blätter sind 3- bis 7-zählig mit einer dunkelgrünen Ober- und einer helleren Unterseite. Die Brombeere ist wintergrün, die Blätter werden im Herbst nicht abgeworfen, erst im Frühjahr werden sie durch neue ersetzt. Die rankenartigen Zweige tragen viele kräftige Stacheln und sind in der Lage, in einem Jahr bis zu 3 m lang zu werden. Oft findest du zur Herbstzeit gleichzeitig reife Früchte und Blüten. Brombeeren sind übrigens botanisch gesehen keine Beeren, sondern Sammelsteinfrüchte. Das erkennst du daran, dass die »Beere« aus vielen kleinen Einzelfrüchten mit einem Stein im Innern besteht.

Oft findest du Beeren in verschiedenen Reifestadien. Sammle nur die schwarzen Früchte.

Vorsicht! An den Zweigen wachsen viele spitze Stacheln.

Vorsichtig sammeln

Beim Sammeln findest du oft Zweige an denen von voll ausgereiften bis zu völlig unreifen roten und grünen Früchten alles zu finden ist. Die Früchte verfärben sich je nach Reifegrad von Purpurrot zu Blauschwarz. Die reifen blauschwarzen Beeren kannst du gleich am Standort naschen oder behutsam in Schalen legen. Ich nutze einen geräumigen Sammelkorb, in dem zusätzlich einzelne Kunststoffboxen Platz haben. So bekommst du die gesammelten Früchte schonend nach Hause. Meine Empfehlung: Nimm auch ohne gezielte Sammelabsichten immer eine Schale in der Jacke oder im Rucksack mit, wenn du in der Natur unterwegs bist. In den Sommermonaten hast du stets beste Chancen, leckere Beeren zu finden.

SO FINDEST DU SIE!

Wann?
August bis Oktober

Wo?
Die Brombeere kommt in sonnigen bis halbschattigen Lagen und entlang von Böschungen, Hecken, Waldrändern und Brachflächen vor. Sie ist ein sogenanntes Pioniergewächs, d. h. sie bewächst Kahlschläge oder aufgrund von Schädlingsbefall geräumte Waldflächen in kurzer Zeit.

Junge Blätter kannst du für einen Tee sammeln.

Brombeeren überwuchern den Waldboden.

Wie?
Brombeeren solltest du behutsam sammeln, denn die Früchte sind sehr empfindlich. Zum Festhalten der Zweige ist es erforderlich, wenigstens an einer Hand reißfeste Handschuhe zu tragen. Mit der anderen Hand kannst du dann, ohne gestochen zu werden, auch die etwas entfernteren Beeren ernten.

Beste Freunde
Himbeeren, Heckensträucher wie Heckenrosen, Hartriegel, Schlehen

VORSICHT VERWECHSLUNG!

Kratzbeere

- Ähnliche Früchte, aber schwarzblau, mehlig, saftig, fad und sauer schmeckend, mit Wachsüberzug, leicht zerfallend
- Ähnliche, recht große Blüte
- Blüten in traubenförmigen Gruppen
- Blätter 3-fach gefiedert und behaart

URALTE HEILFRUCHT

Seit der Antike ist das Wissen über die Wirkung der Brombeere und ihr breites Anwendungsspektrum bekannt. Das geht aus den Büchern des berühmten griechischen Arztes Dioscurides hervor. Aufgrund ihres hohen Gerbstoffgehalts werden die Blätter in der Naturheilkunde in Teezubereitungen bei Magen- und Darmbeschwerden, Hämorrhoiden, Durchfall und als Mundspülung zum Gurgeln bei Zahnfleischbluten und Halsschmerzen verwendet. Den Tee kannst du ebenso zum Tränken von Kompressen für einen Umschlag bei chronischen Hautausschlägen nutzen. Die Blätter sind wegen ihres angenehmen Geschmacks auch in vielen Genuss-Teemischungen enthalten.

TIPP *Wenn du Brombeeren im Garten anpflanzen möchtest, kannst du auch auf eine stachelfreie Sorte zurückgreifen. Gartenzäune sind bestens geeignet, damit die Kletterpflanzen Halt finden. Die Früchte dieser Sorten sind um einiges größer als die der Wildformen, dafür schmecken sie leider lange nicht so aromatisch.*

SO KANNST DU SIE VERWENDEN!

Die Brombeere ist ein Allroundtalent. Du kannst sie zu Marmelade, Kuchen, Torten, Muffins, Säften, Likören, Eis, Obstsalaten, Crumbles, Smoothies, im Joghurt, als Fruchtaufstrich und vieles mehr verarbeiten.

Pfannkuchen mit Beerenfüllung

Aus 4 Eiern, 320 g Dinkelmehl, 0,5 l Milch und etwas Salz einen Pfannkuchenteig herstellen. Dünne Pfannkuchen backen und auf einen Teller geben, mit Brombeeren und nach Wunsch etwas Sahne belegen. Den Pfannkuchen mit den Beeren einrollen und mit Honig, Puderzucker oder Zimt verfeinern.

Brombeer-Lassi

Dieser gesunde und leckere Powerdrink stammt ursprünglich aus Indien! Für 2 Gläser Lassi 200 g Joghurt, 300 ml Wasser, Zucker oder eine Alternative nach Belieben, ein wenig Kardamom und etwa 200 g Brombeeren mixen. Je nach Geschmack mit aromatischen Kräutern wir Pfefferminze, Zitronenmelisse oder Zitronenverbene verfeinern.

EIERKUCHEN AUS DEM OFEN MIT BEERENSALAT

Zutaten für 4 Personen

300 g gemischte Beeren (Walderdbeeren, Himbeeren, Brombeeren, Heidelbeeren)
30 g Zucker
4 Eier (Größe S)
250 ml Milch
1 Prise Salz
150 g Mehl
40 g Butter
1 TL Zitronensaft
4 flache Auflaufförmchen (à 250 ml)

Zeitbedarf: 1 Stunde

So geht's

1. Die Beeren verlesen, aber noch nicht putzen. In ein Sieb geben und in eiskaltem Wasser schwenken, gut abtropfen lassen. Jetzt erst von den Erdbeeren die Kelchblätter abzupfen und Beeren putzen. In eine Schüssel füllen und mit dem Zucker bestreuen.
2. Den Backofen auf 200 °C (Umluft 180 °C) vorheizen. Die Eier in einer Schüssel mit dem Schneebesen schaumig schlagen. Milch und Salz einrühren, dann nach und nach das Mehl mit dem Schneebesen untermischen.
3. Butter auf die Auflaufförmchen verteilen und im heißen Ofen zerlassen. Förmchen schwenken, bis sie vollständig gefettet sind. Zu ¾ mit Eierteig füllen und im Ofen etwa 25 Minuten backen, bis die Oberflächen schön gebräunt sind.
4. Den Zitronensaft vorsichtig unter die gezuckerten Beeren mischen. Die Förmchen aus dem Ofen nehmen und die Beeren auf den Eierkuchen verteilen. Heiß in den Förmchen servieren.

JUCKENDE ROSE

DIE HAGEBUTTE

Hagebutten sind die Früchte von Wild- und Gartenrosen. In unserer heimischen Natur findest du im Herbst vor allem die Hagebutten der Hunds-Rose. So manches Kind hat schon mal unfreiwillig Bekanntschaft mit den feinen, Juckreiz auslösenden Härchen an den Samen gemacht. Umso mehr schätzen die allermeisten Menschen die Hagebutte allerdings als leckere Marmelade.

HUNDS-ROSE, HAGEBUTTE

Rosa canina

Die Hunds-Rose zieht das ganze Jahr über in ihren Bann. Im Frühjahr verzaubern die opulenten Blüten mit ihrem betörenden Duft und im Herbst bis in den Winter findest du die leuchtend roten Hagebutten. Beides kannst du nutzen.

SO SIEHT SIE AUS!

Markante Früchte

Oft wird der gesamte Rosenstrauch als »Hagebutte« bezeichnet. Hagebutten sind jedoch eigentlich die Früchte der Hunds-Rose, anderen Wildrosen oder den Heckenrosenarten aus unseren Gärten. Die Hunds-Rose wächst meist mit anderen Heckensträuchern zusammen und wird bis zu 3 m hoch. Oft hängen ihre ausladenden, mit Stacheln besetzten Zweige bis auf Gehwege und Straßen. Die Blüten erscheinen in den Monaten Juni und Juli, stehen auf etwa 2 cm langen Stielen, sind rosafarben und duften bezaubernd. Ganz markant sind im Herbst dann die elliptisch länglichen bis zu 2 cm großen roten oder orangefarbenen Hagebutten.

Man findet sie häufig zusammen: Hunds-Rose und Waldrebe.

Hagebutten solltest du erst dann ernten, wenn sie vollreif sind. Das erkennst du daran, dass die Früchte komplett orange oder rot sind und der Geschmack angenehm süß bis leicht säuerlich ist. Da die Hagebutten nicht von alleine abfallen, kannst du sie oft bis in den Winter hinein ernten.

Fleißarbeit

Hagebutten sind in der Verarbeitung etwas aufwendiger als andere Wildfrüchte. Deshalb kommt nach dem Ernten die schwierigste Aufgabe auf dich zu: das Entkernen. Hierfür gibt es zwei Möglichkeiten: Entweder du schabst die Kerne mit einem Messer und einem gewissen Zeitaufwand aus den Früchten oder du kochst die Hagebutten für etwa 15 Minuten, zerstampfst sie zu Mus und trennst mit der Flotten Lotte die Kerne heraus. Du kannst das Mus auch durch ein Tuch oder ein grobes Sieb passieren. Übrig bleibt das Fruchtmark. Die Kerne können geröstet und als Kaffeeersatz genutzt werden.

Die Kerne tragen feine Härchen und Widerhaken.

SO FINDEST DU SIE!

Die Hunds-Rose wächst auf Kalkschotter an Böschungen.

Wann?
September und Oktober, aber auch bis in den Winter hinein

Wo?
Die Hunds-Rose findest du entlang von Hecken und Böschungen, Weg- und Waldrändern, in verwilderten Gärten und Parks. Gerne klettert sie auch an anderen Sträuchern oder extra angebrachten Spalieren in die Höhe. An den Boden stellt sie keine besonderen Anforderungen. Sie kommt vom Flachland bis in Höhen von ca. 1700 m noch vor.

Wie?
Die Hagebutten kannst du entweder mit einer Schere abschneiden oder mit der Hand pflücken. Wie bei allen stacheltragenden Sträuchern ist es ratsam, Handschuhe zu tragen.

Beste Freunde
Roter Hartriegel, Weißdorn, Schwarzer Holunder, Wildobst, Waldrebe

So üppig blüht die Hunds-Rose nur wenige Tage.

VORSICHT VERWECHSLUNG!

Wild- und Zierrosen

Die Hunds-Rose und ihre Frucht kannst du eigentlich nur mit anderen Wildrosen wie der Apfel-Rose, Essig-Rose, Filz-Rose oder der Wein-Rose verwechseln. Diese sind ebenfalls ungiftig und können in ähnlicher Weise verwendet werden. Auch die Hagebutten der Zierrosen sind essbar, sehen aber etwas anders aus als die der Wildrosen.

HEILKRÄFTIGE HAGEBUTTEN

Unter den heimischen Pflanzen haben wild wachsende Hagebutten den höchsten Gehalt an Vitamin C. Somit ist auch ihre stärkende Wirkung auf das Immunsystem verständlich. Das wussten vermutlich schon unsere Vorfahren, weshalb sie in der Ernährung der Menschen und in der Heilkunde seit Jahrtausenden einen hohen Stellenwert haben. Ein Tee aus den frischen oder getrockneten Früchten wird bei Frühjahrsmüdigkeit, bei Blasen-, Nieren- und Harnwegsproblemen und Abwehrschwäche verwendet. Hagebuttenextrakt bzw. Hagebuttenpulver wird heute bei Beschwerden des Bewegungsapparates und bei entzündlich-rheumatischen Erkrankungen genutzt. Die höchste Konzentration an wirksamen Inhaltsstoffen ist in der Schale zu finden.

Duftende Blüte.

Die Früchte entwickeln mit der Kraft der Sonne viele geschätzte Inhaltsstoffe, neben Vitamin C sind das vor allem Mineralstoffe, Flavonoide, Vitamin B1 und B2, Pektine, Fruchtsäuren und ätherische Öle.
In der Bach-Blütentherapie wird die Blüte »Wild Rose« auf der seelischen Ebene verwendet. Sie kommt zum Einsatz bei Menschen, die träge, lustlos, unmotiviert und resigniert sind oder Antriebslosigkeit und fehlende Lebensfreude verspüren.

SO KANNST DU SIE VERWENDEN!

Junge Blätter kannst du in Suppen, Eintöpfen und zu Gemüse verwenden. Die Blüten ergeben zusammen mit Apfelsaft ein sehr leckeres Gelee, du kannst sie auch kandiert zu Süßspeisen servieren. Aus den Früchten kannst du die äußerst beliebte Marmelade, Teevariationen oder Hagebuttenpulver herstellen.

Hagebuttenmarmelade

Das Fruchtfleisch von 500 g entkernten Hagebutten mit dem Saft einer ¼ Zitrone, 125 ml Fruchtsaft (z. B. Apfel oder Orange) oder Wasser für 5 Minuten aufkochen und mit dem Pürierstab oder in einem Mixer zerkleinern. Dann langsam und unter ständigem Rühren 250 g Gelierzucker 2 : 1 zugeben. Das Ganze etwa 5 Minuten köcheln lassen und eine Gelierprobe machen. Dann die Marmelade in saubere Gläser füllen und zum Abkühlen auf den Kopf stellen.

Hagebutten dörren

Hagebutten waschen und entkernen. Hagebutten können langsam an der Luft, auf einem Kachelofen, Heizkörper, im Backofen oder mit einem Dörrgerät getrocknet werden. Wichtig: nicht zu heiß (max. 40 Grad) dafür etwas länger trocknen, um die wertvollen Inhaltsstoffe nicht zu zerstören. Die Hagebutten müssen wirklich vollkommen trocken sein, bevor sie zu Pulver gemahlen oder im Ganzen in einem luftdichten Gefäß aufbewahrt werden können.

Hagebuttentee

2 TL getrocknete Hagebutten mit 250 ml heißem Wasser übergießen und für etwa 10 Minuten ziehen lassen. Zur Unterstützung des Immunsystems den Tee als Kur für einige Wochen trinken. Er wird in der Volksmedizin auch bei Verdauungs-, Magen-Darm- oder Harnwegsbeschwerden verwendet. Hagebutten eignen sich aber auch gut für leckere Teemischungen.

CHINA-SPARERIBS MIT SÜSS-SAURER HAGEBUTTENSAUCE

So geht's

1. Die Spareribs in etwa 4 cm große Stücke teilen. In einen Topf geben, mit kaltem Wasser bedecken, salzen und aufkochen. Sobald sich Schaum bildet, die Spareribs abgießen, kurz abbrausen und wieder in den Topf geben. Erneut mit Wasser bedecken, die Hälfte der Sojasauce dazugießen, aufkochen und zugedeckt bei schwacher Hitze 30 Minuten garen.
2. Die Hagebutten waschen, Blütenreste und Stielansätze wegschneiden. Die Früchte vierteln, Kerne samt Samenhärchen entfernen (Einweghandschuhe tragen). Die Hagebuttenviertel nochmals abbrausen. In einen Topf geben, mit Wasser bedecken und bei schwacher Hitze in 30 Minuten weich kochen.
3. Die Spareribs vom Herd nehmen und in der Kochbrühe abkühlen lassen. Die Hagebutten durch ein feines Sieb streichen. Knoblauch und Ingwer schälen, sehr fein hacken. Mit den Hagebutten, der restlichen Sojasauce, Shaoxing-Wein, Essig, Zucker und Speisestärke verrühren. 100 ml von der Spareribs-Kochbrühe dazugießen, alles aufkochen und 5 Minuten bei schwacher Hitze köcheln lassen. Vom Herd nehmen und mit Tabascosauce pikant abschmecken.
4. Den Holzkohlen- oder Backofengrill anheizen. Die Spareribs aus dem Sud heben und mit Küchenpapier trocken tupfen. Mit ⅓ der Hagebutten-Sauce rundum bepinseln. Den heißen Grillrost mit Öl fetten, die Spareribs auflegen und bei mittlerer bis starker Hitze etwa 5 Minuten pro Seite grillen, bis sie leicht gebräunt sind. Mit der restlichen Sauce servieren.

Zutaten für 4 Portionen

1 ½ kg fleischige Spareribs
Salz
60 ml helle Sojasauce
100 g frische Hagebutten
4 Knoblauchzehen
3 cm frischer Ingwer
60 ml Shaoxing-Wein (chinesischer Reiswein) oder Sherry medium
50 ml Weißweinessig
50 g brauner Zucker
1 ½ TL Speisestärke
Tabascosauce
Öl für den Grillrost

Zeitbedarf 1 Stunde + ***40 Minuten garen***

BLAUES ANTI-AGING WUNDER

DIE HEIDELBEERE

Die Heidelbeere zählt zu den gesündesten Nahrungsmitteln unserer heimischen Natur, denn sie enthält eine große Menge Antioxidantien. Dementsprechend wird die Blaubeere, wie sie auch genannt wird, auch als »Königin der antioxidativen Früchte« bezeichnet. Sie gilt als beliebtes Anti-Aging Food, denn ihre Inhaltsstoffe sind gut für die Haut und die Gesundheit.

HEIDELBEERE

Vaccinium myrtillus

In den wilden Heidelbeeren sind besonders viele der wertvollen Inhaltsstoffe enthalten, gelegentlich findet man sie sogar auf Wochen- oder Bauernmärkten. Wenn es nicht anders geht, kannst du auch mal auf frische oder tiefgekühlte Kulturheidelbeeren ausweichen.

SO SIEHT SIE AUS!

An einer Seite platt

Der verzweigte Zwergstrauch wird bis zu 60 cm hoch, hat kantige grün gefärbte, kahle und aufrechte Zweige. Heidelbeersträucher wachsen für gewöhnlich in großen Gruppen. Die beiderseits grasgrünen, elliptisch bis eiförmig geformten Blätter sind an den Seiten fein gesägt. In den Monaten April und Mai findest du die einzeln stehenden, nickenden und eher unscheinbaren Blüten. Die Beeren sind an einer Seite abgeplattet und erntereif, wenn sie prall und blauschwarz gefärbt sind.

Im Herbst färben sich die Blätter tiefrot.

Bei der Kulturheidelbeere sind die Früchte deutlich größer.

Gezüchtet oder wild?

Die im Handel zu findenden Heidelbeeren stammen nicht von der heimischen Wildform ab, sondern von der amerikanischen Heidelbeere. Sie lassen sich ganz einfach unterscheiden: Die wasserlöslichen Farbstoffe, die für die intensive Blaufärbung von Beeren und Händen verantwortlich sind, sind bei unserer Wildheidelbeere sowohl im Fruchtfleisch als auch in der Schale vorhanden. Bei der Kulturheidelbeere findet man sie nur in der Schale.

Heidelbeeren mögen's sauer

Manche Böden, wie z. B. in Mooren, weisen entweder von Natur aus einen niedrigen pH-Wert auf oder sie verlieren durch menschliche Einflüsse die Fähigkeit, Säuren zu kompensieren. Ob ein Boden sauer, alkalisch oder neutral ist, zeigen dir die dort vorkommenden Pflanzen und Pilze. So wachsen z. B. der Steinpilz, der Kuh- und der Sand-Röhrling, zwei Pilzarten, neben der Heidelbeere auf saurem Untergrund.

SO FINDEST DU SIE!

Wann?
Von Ende Juli bis September

Wo?
Die Heidelbeere ist eine Zeigerpflanze für saure, nährstoff- und basenarme Böden. Du findest sie vorzugsweise im Halbschatten der lichten Kiefern- und Fichtenwälder, Heidelandschaften und Moorgebiete. Sie kommt im Flachland vor, ist aber genauso in den Alpen bis ca. 2200 m Höhe anzutreffen.

Im Fichtenwäldern mit saurem Boden fühlt sich die Heidelbeere wohl.

Der Steinpilz wächst oft in der Nähe!

Wie?
Wenn du Heidelbeeren sammelst, ist es besser, nicht zu viele Beeren übereinanderzulegen, damit die empfindlichen Früchte nicht gequetscht werden. Am besten nimmst du Wasser zum Händewaschen mit oder trägst dünne Handschuhe.

Beste Freunde
Rauschbeere, Moosbeere, Moorbirke, Fichte, Kiefer

VORSICHT VERWECHSLUNG

Rauschbeere ☠
- Ähnliche Beeren
- Runde Zweige
- Blätter ganzrandig, rund bis eiförmig, blaugrün
- Fruchtfleisch milchig-weiß
- Holziger Stamm
- Mögliche Vergiftungen werden nicht von den Früchten selbst ausgelöst, sondern von einem Pilz auf der Beere, dem Rauschbeeren-Fruchtbecherling

Die Früchte der Rauschbeere sind eiförmig und haben einen hellen Saft.

GESUNDE POWERBEERE

In einer alten Volksweisheit wird die Bedeutung der Heidelbeere als gesundes Nahrungsmittel und Heilmedizin trefflich ausgedrückt: »In der Heidelbeerernte kann der Arzt auf Urlaub gehen.« Die kostbaren Inhaltsstoffe, wie z. B. Anthocyane, verhindern Ablagerungen in den Arterien und absorbieren freie Radikale. Folsäure, Kalzium, Zink, Kalium, Eisen und viel Vitamin C machen die blauen Beeren zu natürlichen Kraftpaketen. Sie dämmen Entzündungen ein, senken die Blutfettwerte, Vitamin E hält unsere Zellen elastisch und kann zu hohen Blutdruck senken. In der Volksheilkunde werden getrocknete Heidelbeeren aufgrund der enthaltenen Gerbstoffe und Pektine bei Durchfall eingesetzt. Frisch verzehrt wirken die Früchte jedoch eher abführend.

TIPP *In Gebieten, in denen es reichlich Heidelbeeren gibt, wird zum Ernten oft ein Blaubeerenkamm verwendet. Er erleichtert das Sammeln von größeren Mengen erheblich. Hierzu fährt man wie mit einem Kamm durch die kleinen Sträucher, um die Früchte »auszukämmen«. Wenn man dabei vorsichtig vorgeht, entsteht an den Pflanzen kein Schaden.*

SO VERWENDEST DU SIE!

Heidelbeeren kannst du ausgezeichnet in Kuchen, Marmelade, Quark, Müsli und als Dörrobst verwenden. Du kannst sie auch zu Eis, Smoothies, Lassi, Saft oder Likör verarbeiten oder du isst sie einfach roh.

Heidelbeer-Crumble

200 g Mehl, 1 Päckchen Vanillezucker, 1 Messerspitze Zimt und 50 g Zucker mischen. Butter in kleinen Stückchen dazugeben und die Masse zwischen den Handflächen zu Streuseln verreiben. Die Hälfte der Streusel in eine Auflaufform geben, leicht andrücken und dann ca. 15 Minuten kaltstellen. 250 g Heidelbeeren auf dem Teig verteilen und mit den restlichen Streuseln überdecken. Im vorgeheizten Backofen bei 200 °C Ober-/Unterhitze ca. 30 Minuten goldbraun backen.

Heidelbeer-Muffins

Für 12 Muffins 200 g Heidelbeeren, 200 g Mehl, 1 TL Backpulver, ½ TL Salz, 80 g Butter, 250 g Zucker, 2 Eier, 100 ml Milch und 1 Päckchen Vanillezucker bereithalten. Butter und Zucker schaumig rühren und die Eier dazugeben. Diese Masse cremig aufschlagen. Backpulver, Salz und Mehl mischen und mit der Milch verrühren. Die Heidelbeeren mit Mehl bestäuben und vorsichtig unterheben. Den fertigen Teig in Papierförmchen geben und in ein Muffinblech stellen. Bei 180 °C Umluft für 20 Minuten backen.

DREI-KÄSE-BROTE MIT HEIDELBEEREN

So geht's

1. Die Heidelbeeren in ein Sieb schütten, verlesen und kurz in stehendem, lauwarmem Wasser waschen, abtropfen lassen. Die Hälfte der Beeren in eine tiefe Schüssel geben und mit einem Löffel zerdrücken. Den Camembert in schlanke Dreiecke schneiden. Die Salatblätter waschen und gut trocken schütteln.
2. Den Frischkäse nach und nach mit der Milch glatt und cremig rühren. Zuerst die zerdrückten Beeren untermischen, dann die ganzen Beeren unterheben.
3. Die Brotscheiben mit drei Vierteln von dem Heidelbeer-Frischkäse bestreichen, darauf die Salatblätter und darüber den Schnittkäse legen. Camembert-Ecken daraufgeben, die Brote mit dem restlichen Heidelbeer-Frischkäse garniert sofort servieren.

Zutaten für 4 Portionen

50 g frische Heidelbeeren

125 g Camembert (nicht zu reif)

4 grüne Salatblätter

125 g Rahm-Frischkäse

2–3 EL Milch

4 Scheiben Roggenmischbrot

125 g Schnittkäse in Scheiben (Tilsiter, Emmentaler oder Gouda)

Zeitbedarf: 20 Minuten

HEIMISCHES POWERFOOD

DIE HIMBEERE

Auch ohne es damals schon wissenschaftlich belegen zu können, wussten unsere Vorfahren seit Jahrhunderten, wie gesund die Himbeere ist. Bereits aus dem Mittelalter gibt es gesicherte Nachweise, dass Himbeeren in Klöstern kultiviert und als Heilpflanzen genutzt wurden. Neuere Forschungen beschäftigen sich vor allem mit der Wirkung der vielen Antioxidantien, die in Himbeeren enthalten sind, auf verschiedene Krebsarten.

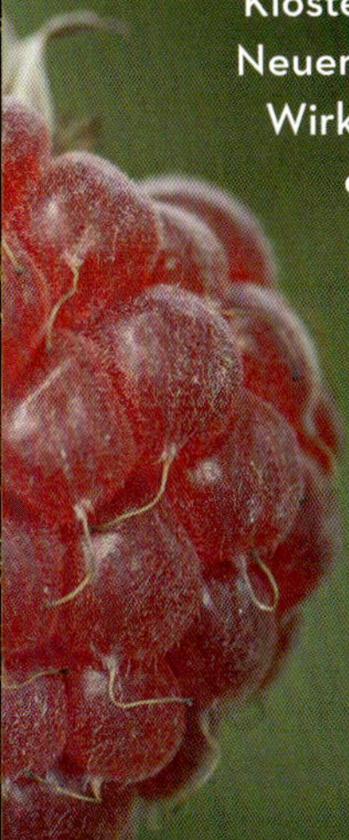

HIMBEERE

Rubus idaeus

In der Natur ist die Himbeere eher selten zu finden. Sie gehört jedoch zu den beliebtesten Obststräuchern. Im Garten benötigt sie ein Gerüst, an dem sie sich anlehnen kann, damit alle Früchte genug Licht abbekommen.

SO SIEHT SIE AUS!

Mit langen Ruten

Himbeersträucher können bis zu 2 m hoch werden. Der Strauch wächst zunächst straff und aufrecht, später biegen sich die langen Ruten zur Seite. Die Triebe sind nur wenig verzweigt und werden jedes Jahr neu aus dem überwinternden Wurzelstock, auch Rhizom genannt, gebildet. Die 3- bis 7-zähligen, gezähnten Blätter wachsen wechselständig, sind gefiedert und 5 – 10 cm lang. Die Oberseite ist dunkelgrün und kahl. Die nickenden Blüten wachsen in mehrblütigen Trauben. Die braunen Zweige haben eine dünne Reifschicht und feine, dünne Stacheln. Auch Himbeeren sind, wie die Brombeeren, botanisch gesehen keine Beeren, sondern Sammelsteinfrüchte.

Die Himbeere blüht von Mai bis Juni.

Wild und im Garten

Die Früchte der Wildform werden nur bis zu 1 cm groß, die der Kulturformen werden mit 1,5 – 2 cm deutlich größer. Es gibt neben Sorten mit den klassischen roten auch solche mit gelben oder schwarzen Früchten – ein schönes optisches Highlight.

Im Geschmack stehen die gelben Sorten den roten in nichts nach.

Ernte vom Sommer bis in den Herbst

Wenn du genügend Platz im Garten hast, kannst du selbst ein paar Himbeersträucher pflanzen. Bei einer geschickten Sortenauswahl kannst du über Wochen durchgehend fast täglich frische Früchte ernten. Sommerhimbeeren tragen nur einmal Früchte, sind aber meist ertragreicher und schmecken intensiver. Herbsthimbeeren tragen von Ende Juli bis weit in den Herbst immer wieder neue Früchte. Ihre Pflege ist auch etwas einfacher, da nach der Ernte alle Triebe über dem Boden abgeschnitten werden. Das verhindert Krankheiten und hält Schädlinge fern.

SO FINDEST DU SIE!

Wann?
Je nach Sorte ab Juni bis Ende Oktober

Wo?
Die Himbeere kommt in der Natur auf sonnigen bis halbschattigen, nitrathaltigen und lehmigen Standorten vor. Sie wächst gerne entlang von Heckensäumen, Waldrändern, in lichten Waldstücken und bevorzugt Stellen mit hoher Luftfeuchtigkeit und kühleren Temperaturen. Man findet sie oft zusammen mit der Brombeere als Pionierpflanze auf Kahlschlägen.

Beste Freunde
Brombeere, Heckensträucher, Gartenpflanzen

Himbeeren bilden ein weit verzweigtes Dickicht.

Wie?
Am besten schmecken reife Himbeeren frisch gepflückt vom Strauch. Die Beeren sind bereit zum Ernten, wenn sie eine kräftige gelbe, schwarze oder rote Farbe haben. Dann lassen sich die Früchte leicht vom Blütenboden abziehen, da sie innen hohl sind.

VORSICHT VERWECHSLUNG!

Brombeere

- Unreife Früchte ähnlich rot, reife Früchte schwarz
- Blüten noch bis in den August
- Blüten und reife Früchte oft zusammen
- Einige Zweige kriechend am Boden, andere wachsen senkrecht nach oben und tragen Früchte
- Stängel grün-rotbraun
- Bildet undurchdringliche Dickichte

HEILENDE HIMBEEREN

In der Volksheilkunde werden hauptsächlich die Blätter verwendet. Himbeerblätter enthalten neben Flavonoiden und Vitamin C reichlich Gerbstoffe. Als Tee gebrüht nutzt man die getrockneten Blätter bei leichten Durchfallerkrankungen und zum Gurgeln bei Entzündungen im Mund- und Rachenraum. Hierzu 2 TL pro Tasse mit kochendem Wasser übergießen und 10 – 15 Minuten ziehen lassen. Weiter werden den Himbeerblättern schweißtreibende, blutreinigende, entzündungshemmende, beruhigende, adstringierende und fiebersenkende Wirkungen zugesprochen. Aus den Früchten wird außerdem ein Sirup hergestellt. Dank seiner intensiven Rotfärbung wird er zum Färben von Arzneimitteln und zur Geschmacksverbesserung verwendet.

TIPP *Ob weißer Zucker oder Fruchtzucker – beide belasten unsere Leber gleichermaßen und führen nicht selten zu einer Fettleber. Beeren haben einen erheblich geringeren Fruchtzuckeranteil als die allermeisten Obstsorten und damit weniger Kalorien. Himbeeren bestehen zu 85 % aus Wasser, sie haben lediglich 4,8 g Kohlenhydrate und gerade mal 34 Kalorien auf 100 g.*

SO VERWENDEST DU SIE!

Die Früchte naschst du am besten gleich vom Strauch. Frisch oder eingefroren kannst du sie aber auch für Smoothies, Lassi, Kuchen, Eis, Essig, Gelee, Soße, Sorbet oder Grütze nutzen.

Himbeersuppe mit Eischneenockerl

Für 4 – 6 Personen 300 g frische oder angetaute Himbeeren mit ⅛ l dunklem Fruchtsaft in einen Topf geben und bei schwacher Hitze für 5 Minuten köcheln lassen. Die Suppe durch ein Sieb filtern und nach Belieben mit etwas Honig süßen. Dann in mehrere kleine, flache Auflaufformen füllen. Den Ofen auf 220 Grad Umluft vorheizen. 4 Eiweiß mit einer Prise Salz steif schlagen, 2 EL Honig und den Abrieb einer Biozitrone hinzufügen. Mit einem Löffel aus dem Eischnee Nockerl formen und in die Himbeersoße geben. Auf der oberen Schiene des Ofens 10 – 20 Minuten goldgelb backen.

Haferbrei mit Himbeeren

1 Tasse Hafermilch und 2–3 EL kernige Haferflocken in einen Topf geben und erwärmen. Je nach Geschmack Walnüsse, Leinsamen, Quark, 1 EL Leinöl und 1 EL Honig dazugeben. Zum Schluss eine Prise Zimt und die Himbeeren. Gefrorene Beeren gleich mit in die Milch geben und langsam erhitzen. Ein perfekter Start in den Tag.

CRANACHAN

1. Die geschroteten Haferkörner in einer heißen Pfanne ohne Öl unter Rühren 3 – 4 Minuten rösten, herausnehmen und auf einem Teller abkühlen lassen. Die Himbeeren verlesen.
2. Die Sahne mit einem elektrischen Handrührgerät steif schlagen. Honig, 1 EL Whisky und den gerösteten Haferschrot vorsichtig mit einem Löffel unterrühren. Die Butter in der Pfanne schmelzen, Haferflocken dazugeben und darin 1– 2 Minuten rösten. Die Pfanne vom Herd nehmen und die gerösteten Haferflocken mit dem restlichen Whisky beträufeln.
3. Ca. 100 g Himbeeren beiseitelegen. Die restlichen Beeren abwechselnd mit der Sahnemischung in 4 hohe Dessertgläser schichten. Mit einer Sahneschicht abschließen. Mit den gerösteten und getränkten Haferflocken bestreuen und mit den restlichen Himbeeren garnieren.

Zutaten für 4 Portionen

50 g grob geschrotete Haferkörner

500 g Himbeeren

300 g Sahne

3 EL Honig

2 EL Whisky

1 EL Butter

50 g kernige Haferflocken

Zeitbedarf 30 Minuten

BESCHÜTZER VON HAUS UND HOF

DER SCHWARZE HOLUNDER

Für unsere Vorfahren war der Hollerbusch ein wichtiger Begleiter und es ist kein Wunder, dass er nahezu bei allen Bauernhöfen seinen festen Platz hatte. Er sollte das Haus vor Unheil, bösen Geistern und sogar Blitzschlägen schützen. Gleichzeitig waren sowohl seine Blüten als auch die Beeren Nahrungsquelle und Naturapotheke in einem. In der Volksmedizin sind sie eines der wichtigsten Heilmittel bei Erkältungskrankheiten und zum Fiebersenken.

SCHWARZER HOLUNDER

Sambucus nigra

Der Schwarze Holunder wird bis zu 10 m hoch. Im Frühjahr kannst du die weißen, hängenden Blüten und im Herbst die reifen, dunkelvioletten Beeren sammeln und nutzen.

SO SIEHT ER AUS!

Strauch oder Baum?
In der Natur gibt es ihn überwiegend als bis zu 10 m hohen Strauch, also mit mehreren kleineren Stämmen. Gezüchtet für Gärten und Plantagen findest du ihn ebenso als Baum mit einem Stamm. Die Holunderblätter und ebenfalls die Rinde haben einen äußerst markanten »Holler-Geruch«, an dem du ihn problemlos erkennst. Ab Ende Mai erscheinen die 10 – 25 cm breiten Blütenstände mit ihrem unverwechselbaren Duft. Die Borke der älteren Äste ist grau und netzartig gemustert, bei jüngeren ist sie silbrig und glatt. Zweige und Ästchen sind mit einem weißen Mark gefüllt.

Nicht alle Beeren einer Doldenrispe reifen gleichzeitig.

Nur die schwarzen Früchte sind geeignet
Die etwa erbsengroßen Beeren sind ausgesprochen saftreich. Zur Ernte müssen sie komplett reif sein. Das erkennst du an der durchgehend tiefschwarzen Farbe. Rohe und unreife Früchte enthalten das Glycosid Sambunigrin, das zu Magenschmerzen, Erbrechen und Übelkeit führen kann. Deshalb solltest du auch reife Früchte nicht roh essen, erst durch Erhitzen werden die toxischen Stoffe unschädlich gemacht.

Holunder im Garten
Wenn du einen Garten und den dazugehörigen Platz hast, bist du in der glücklichen Lage, einen Holunder pflanzen zu können. So kannst du Blüten oder Beeren zum allerbesten Zeitpunkt ernten. Bei den Zuchtformen »Haschberg« und »Sampo« werden die Blütenstände um vieles größer, die Früchte sind saftiger und alle Beeren eines Fruchtstandes werden gleichzeitig reif. Das ist beim wilden Holunder nicht der Fall, und es erleichtert die Arbeit beträchtlich, weil du keine unreifen Beeren aussortieren musst!

Die Zuchtform »Sampo« für den Garten.

SO FINDEST DU IHN!

Holundersträucher werden bis zu 10 m hoch.

Wann?
Blüten Juni – Juli,
Beeren August – September

Wo?
Der Schwarze Holunder stellt keine besonderen Ansprüche an den Standort. Am besten wächst der flach wurzelnde Strauch auf nicht zu trockenen, lehmigen, kalk- und humushaltigen Böden. Selbst im lichten Schatten blüht der Holunder und bildet Früchte. Du findest ihn als einzelnen Strauch an Gehöften, entlang von Hecken, Feldrainen, Gärten und Waldrändern.

Wie?
Die Blüten kannst du im Frühjahr problemlos mit einer Schere abschneiden. Beim Ernten der Beeren empfiehlt es sich, dünne Handschuhe zu tragen, da sich die Finger sonst intensiv blau färben.

Ein Holunder zum Schutz von Haus und Hof.

Beste Freunde
Wildobst, Weißdorn, andere Heckensträucher

VORSICHT VERWECHSLUNG!

Roter Holunder
- Ähnliche Blätter
- Blätter zum Blattaustrieb bronzefarben bis rot, erst später grün
- Früchte rot
- Geeignet für Gelee, Säfte oder Marmelade

Zwerg-Holunder oder Attich
- Ähnliche Beeren
- Wuchshöhe 0,6 – 1,5 m
- Gefurchter Stängel
- Widerlicher Geruch
- Blüten- und Fruchtstände stehen nach oben
- Vorkommen in größeren Beständen
- Alle Pflanzenteile giftig, besonders die Samen der reifen Beeren

ERKÄLTUNGSMEDIZIN

Als Heilpflanze ist der Schwarze Holunder seit Jahrhunderten bekannt. Holunderblüten und -beeren sind ein traditionelles Mittel gegen Fieber und Erkältungskrankheiten. Für mich gibt es keine bessere Sofortmaßnahme bei einer entstehenden Erkältung und zur Steigerung der Abwehrkräfte, als den Vitamin-C-reichen Holunderbeerensaft warm zu trinken. Hierfür sollte der Saft lediglich erwärmt werden, damit das wertvolle Vitamin C nicht durch Kochen zerstört wird. Ein Tee aus getrockneten Blüten und Beeren bringt dich zusätzlich noch richtig zum Schwitzen.

TIPP *Früher nutzte man den Saft zum Färben von Haaren, Leder und Rotwein. In den letzten Jahren gewinnen rein natürliche Produkte wieder zunehmend an Bedeutung und so hat ihn die Lebensmittelindustrie erneut als Färbemittel für sich entdeckt.*

SO VERWENDEST DU IHN!

Die Blüten kannst du in Teig ausbacken oder zu leckerem Gelee oder Sirup verarbeiten. Aus den Beeren kannst du Fruchtsäfte und ebenso Gelee oder Marmelade herstellen.

Gebackene Holunderblüten

Einen Pfannkuchenteig nach gewohntem Rezept zubereiten. Die Holunderblüten vorsichtig in den Teig tauchen und im heißen Öl ausbacken, bis sie eine goldbraune Farbe haben. Auf einem Küchenpapier das überschüssige Öl abtropfen lassen. Schmeckt lecker mit Eis oder Holunderblüten-Gelee.

Holunderblüten-Sirup

Etwa 40 nicht zu kleine Holunderblütenstände ernten. 3 kg Zucker so lange in 2 l Wasser erwärmen bis er sich aufgelöst hat. Vollständig abkühlen lassen, dann die Holunderblüten, 2 in Scheiben geschnittene Zitronen und 50 g Zitronensäure dazugeben. Diesen Ansatz für 5 Tage an einem dunklen und kühlen Ort stehen lassen. Einmal am Tag alles kräftig umrühren. Dann den Sirup durch ein großes, mit einem Tuch ausgelegtes Sieb filtern und das Tuch gut auswinden. Jetzt den Sirup kurz aufkochen und sofort in saubere, am besten sterilisierte Flaschen füllen und gleich fest verschließen. Hält sich bis zu einem Jahr.

PANIERTER ZIEGENKÄSE MIT SCHWARZEM BEERENKOMPOTT

Zutaten für 4 Portionen

60 g Heidelbeeren

60 g Brombeeren

30 g reife Holunderbeeren

1 Zweig frische Minze

40 g Zucker

2 EL Rotwein oder roter Traubensaft

½ TL Speisestärke

200 g gut gekühlter Ziegenkäse (Rolle)

1 EL Mehl

1 TL bunter Pfeffer (grob)

2 EL Olivenöl

Zeitbedarf 30 Minuten

1. Die Beerensorten getrennt in ein Sieb geben und verlesen. Kurz in stehendem Wasser waschen. Die Minze waschen, trocken schütteln und die Blättchen in feine Streifen schneiden.
2. Die Beeren in einen Topf leeren und mit dem Zucker bestreuen. Den Rotwein dazugießen und aufkochen. Bei mittlerer Hitze etwa 10 Minuten ohne Deckel kochen lassen.
3. Die Speisestärke mit 3 EL kaltem Wasser anrühren, unter die Beerenmischung rühren, einmal aufkochen lassen. Minzstreifen unter die Beeren mischen und den Topf vom Herd nehmen.
4. Den Ziegenkäse in 1 cm dicke Scheiben schneiden. In einem flachen Teller das Mehl mit dem Pfeffer mischen.
5. In einer Pfanne das Öl erhitzen. Die Ziegenkäsescheiben im Pfeffer-Mehl wenden. In dem Öl bei mittlerer bis starker Hitze etwa 10 Sekunden pro Seite braten. Sofort auf Teller verteilen und jeweils einen Klecks Beerenkompott darübergeben.

KLASSIKER ZU WILDGERICHTEN

DIE PREISELBEERE

Was wären gebackener Camembert und Wildgerichte ohne Preiselbeeren? Weniger aus der Natur als von diesen Speisen kennen wohl die meisten Menschen die Preiselbeere. In der Natur ist die rote Beere tatsächlich auch lange nicht so häufig zu finden wie so manch andere Art.

PREISELBEERE

Vaccinium vitis-idaea

Die Preiselbeere kommt in der Natur eher selten und nur auf sauren Böden vor. In Deutschland wird sie sporadisch angebaut. Manchmal findet man auch die »Kulturpreiselbeere« im Supermarkt. Hierbei handelt es sich meist um die Großfrüchtige Moosbeere, besser bekannt unter dem Namen Cranberry.

SO SIEHT SIE AUS!

Verschont von Spätfrösten

Ab Ende August werden die Beeren reif.

Die Preiselbeere ist ein immergrüner, kriechender Zwergstrauch. Ihre aufrecht stehenden Zweige können bis zu 40 cm hoch werden. Sie bildet unterirdische Ausläufer, durch die sie sich vegetativ, also ungeschlechtlich, vermehren und ausbreiten kann. Die ledrigen Blätter sind oben glänzend und dunkelgrün, die Blattunterseite ist punktiert. Der wellige Blattrand ist meist leicht eingerollt. Die Preiselbeere blüht relativ spät, nämlich von Mai bis Juni. Das hat den Vorteil, dass sie von Spätfrösten verschont bleibt. Gelegentlich kommt es im Herbst zu einer Zweitblüte. Die weiß-rosa, traubigen, nach unten hängenden Blütenstände bestehen aus vielen Einzelblüten. Die zunächst weißen Beeren verfärben sich bis zur Reife ab Ende August leuchtend rot. Sie haben eine rundliche Form, sind etwa erbsengroß, glänzen leicht und der Geschmack ist säuerlich und etwas bitter.

Blütenstände mit zwei bis acht Blüten.

Sonnenanbeterin

Nachdem du in den Sommermonaten in den Wäldern die Heidelbeere sammeln konntest, kommt ab den letzten Augusttagen die Zeit für die Preiselbeere. Die Sammelzeit reicht, solange es keine Fröste gibt, bis Ende Oktober. Frosteinwirkung lässt die Beeren schnell schrumpelig und weich werden. Die Früchte benötigen für die Entwicklung des herbsäuerlichen Aromas, und um reif zu werden, ausreichend Sonne. Dann erkennst du die rundum leuchtend roten Beeren schon aus größerer Entfernung.

SO FINDEST DU SIE!

Wann?
Ab Ende August bis Ende Oktober

Wo?
Die Heimat der Preiselbeere ist Nordeuropa. Sie wächst im Halbschatten auf sauren Böden von Mooren, Heiden, Fichten und Kiefernwäldern. Sie gedeiht aber ebenfalls auf Sandböden und kommt mit Trockenheit gut zurecht. Kalkboden mag sie dagegen gar nicht. Du findest sie vom Flachland bis in die Alpen auf einer Höhe bis zu 2500 m. Außerhalb von Deutschland sind die größten Vorkommen in den Heidewäldern von Skandinavien.

Wie?
Preiselbeeren werden mit der Hand oder wie die Heidelbeere mit einem Pflückkamm geerntet.

Beste Freunde
Rauschbeere, Moosbeere, Heidelbeere, Moorbirke, Kiefer, Fichte, Steinpilz

Typischer Standort zusammen mit der Kiefer.

VORSICHT VERWECHSLUNG!

Bärentraube 🍴
- Ähnliche Beeren
- Blattunterseiten nicht punktiert
- Blattoberseite nicht glänzend
- Blätter nicht eingerollt
- Bildet Matten

Moosbeere 🍴
- Ähnliche Beeren
- Blätter zur Spitze umgerollt
- Blattoberseite dunkelgrün
- Blattunterseite weiß-grün
- Kriechender Zwergstrauch

PREISELBEERE VS. CRANBERRY

Oft werden Preiselbeeren mit Cranberrys verwechselt. Obwohl sie zur gleichen Pflanzenfamilie gehören, sind es zwei verschiedene Arten. Ihre Inhaltsstoffe und die Wirkung auf unseren Körper sind jedoch nahezu identisch. Bemerkenswert ist die Vielzahl der enthaltenen Antioxidantien, der hohe Gehalt an Vitamin C sowie Anthocyanen und Flavonoiden. Diese gelten als Radikalfänger und wirken Herzerkrankungen, Hautalterung, grauem Star und Hautkrebs entgegen. Außerdem enthalten Preiselbeeren das Provitamin A, welches sich positiv auf Augen und Haut auswirkt, und sind ein bekanntes Volksheilmittel bei Harnwegserkrankungen.

TIPP *Wenn du Preiselbeeren im eigenen Garten anbauen möchtest, benötigt dein Boden einen pH-Wert von 5 bis 6. Den pH-Wert ermittelst du am besten mit einem Indikatorpapier oder einem geeigneten Messgerät. Ist er zu hoch, kannst du ihn anpassen, indem du eine Nadelschicht, Erde aus dem Nadelwald oder ein entsprechendes Fertigsubstrat aus dem Gartencenter einbringst. Im Halbschatten eignen sich Preiselbeeren, auch zusammen mit Heidelbeeren, perfekt als Bodendecker, die du auch noch abernten kannst.*

SO VERWENDEST DU SIE!

Für den Rohverzehr sind Preiselbeeren wegen ihres herb-sauren Geschmacks eher nicht geeignet, sie führen auch schnell zu Verstopfung oder Blähungen. Im gekochten Zustand kannst du aus den Beeren fruchtige Beilagen für Wildgerichte und gebackenen Käse, Marmelade, Gelee, Kompott, Soßen und Chutney herstellen.

Preiselbeeren einkochen

1 kg Preiselbeeren mit etwa 400 ml Wasser weich kochen, anschließend 200 – 300 g Zucker dazugeben und noch mal kurz aufkochen. Dann die Beeren in Schraubgläser füllen und für 20 Minuten bei 90 °C Umluft im Backofen einkochen.

Preiselbeerkonfitüre

500g Preiselbeeren gründlich waschen und mit dem Mark einer Vanilleschote und 250 g Gelierzucker 2 : 1 vermischen. Über Nacht abgedeckt in den Kühlschrank stellen. 50 ml Orangensaft und 100 ml eines dunklen Fruchtsafts dazugeben. Anschließend bei mittlerer Hitze zum Köcheln bringen und regelmäßig umrühren. Mit einem Schaumlöffel den entstehenden Schaum abheben. Nach etwa 10 Minuten eine Gelierprobe machen, um die richtige Konsistenz zu prüfen. Dann die Konfitüre in sterilisierte Gläser füllen und fest verschließen.

Preiselbeer-Meerrettich-Senf-Sauce

Je 3 EL Preiselbeerkonfitüre, mittelscharfen Senf und Sahne-Meerrettich vermengen. Nach Belieben mit etwas Salz, Thymian, Pfeffer oder anderen Gewürzen abschmecken. Diese tolle Sauce geht schnell und passt perfekt zu Fleisch, Fisch und vegetarischen Gerichten.

FLEISCHBÄLLCHEN MIT PREISELBEERKOMPOTT

Zutaten für 4 Personen

1 mittelgroße vorwiegend festkochende Kartoffeln
175 g Preiselbeeren
100 g Zucker
1 Zwiebel
½ EL Butter
500 g gemischtes Hackfleisch
1 Ei
150 g Sahne
Salz, Pfeffer aus der Mühle
gemahlener Piment
evtl. Semmelbrösel
2 – 3 EL Mehl
3 EL Öl zum Braten
Kartoffelpresse

Zeitbedarf: 1 Stunde

So geht's

1. Die Kartoffel waschen, ungeschält etwa 25 Minuten garen. Die Preiselbeeren verlesen, waschen und mit 5 EL Wasser in einen Topf geben. Aufkochen und zugedeckt bei schwacher Hitze 10 Minuten köcheln lassen. Den Zucker dazugeben und vorsichtig verrühren, bis er sich aufgelöst hat. Den Topf vom Herd nehmen.
2. Die Kartoffel abgießen, heiß pellen und durch die Kartoffelpresse drücken, Püree ausbreiten und abkühlen lassen. Die Zwiebel schälen und sehr fein hacken. Die Butter erhitzen und die Zwiebelwürfel unter Rühren darin goldgelb dünsten. Abkühlen lassen.
3. Das Hackfleisch mit gedünsteten Zwiebelwürfeln, abgekühltem Kartoffelpüree, dem Ei und der Sahne vermischen, mit Salz, Pfeffer und Piment würzen. Mit den Händen kräftig kneten, bis eine glatte, formbare Hackmasse entstanden ist. Semmelbrösel bei Bedarf dazumengen.
4. Die Arbeitsfläche dünn mit Mehl bestreuen. Jeweils 1 EL Hackmasse abnehmen und mit leicht angefeuchteten Händen zu Bällchen formen. Bällchen auf die bemehlte Fläche legen.
5. In einer großen Pfanne das Öl erhitzen. Die Hackbällchen leicht im Mehl drehen und in dem heißen Öl rundum braun und knusprig braten.Fertige Bällchen auf Küchenpapier abtropfen lassen. Heiß mit dem Preiselbeerkompott servieren.
6. Dazu schmecken kleine Pellkartoffeln, in Butter und gehackter Petersilie geschwenkt.

ZITRONE DES NORDENS

DER SANDDORN

Besonders bekannt ist der Sanddorn vermutlich vom Ostsee-Urlaub. Der ausgezeichnete heimische Vitamin-C-Lieferant war vor allem in den neuen Bundesländern äußerst geschätzt und sein Anbau wurde in der ehemaligen DDR intensiv gefördert. Als wichtige Vitamin-C-Quelle sollte er einen hilfreichen Beitrag zur Gesunderhaltung der Menschen leisten. Aber auch für unsere heimische Vogelwelt ist er als sicherer Nistplatz und Futterquelle von großer Bedeutung.

SANDDORN

Hippophae rhamnoides

Der Sanddorn steckt voller bemerkenswerter Inhaltsstoffe. Seine Früchte sind nicht nur ein beliebtes Nahrungsmittel, sondern dienen auch zu Heilzwecken und werden in Kosmetikprodukten, vor allem für die Haut, verwendet.

SO SIEHT ER AUS!

Geduld ist gefragt

Der Sanddorn ist sommergrün und kann eine Höhe bis zu 6 m erreichen. Seine Wurzeln reichen bis zu 3 m tief in den Boden, zusätzlich geben ihm unterirdische Seitentriebe, die bis zu 10 m lang werden, einen festen Halt. Mit diesem weit reichenden Wurzelsystem kann er sich stark vermehren und ausbreiten. Die schmalen, bis zu 8 cm langen Blätter sind leicht eingerollt, haben einen kurzen Stiel und Ähnlichkeit mit den Blättern von Weiden. Die eher unscheinbaren, kleinen gelbfarbenen Blüten erscheinen bereits vor dem Blattaustrieb. Schon Anfang August bis in den Dezember kannst du die markanten orangeroten oder gelblichen Früchte an den dornigen Zweigen finden. Wird ein neuer Sanddorn gepflanzt, dauert es jedoch bis zu 8 Jahre bis zur ersten Ernte.

Beeren noch zur Winterzeit.

Versteckt zwischen den Beeren: spitze Dornen.

Robuster Strauch

Der Sanddorn kommt mit widrigen Witterungsbedingungen ohne Probleme zurecht. So machen dem Strauch weder Wind noch Salz viel aus. Das macht ihn zu einer beliebten Pflanze zur Bodenbefestigung auf sandigen Böden an der Küste und in Heckenreihen entlang von Autobahnen. Sammeln solltest du ihn an der Autobahn jedoch nicht.

Nordlicht

Die größten deutschen Sanddorn-Vorkommen findest du in Brandenburg, Mecklenburg-Vorpommern und auf den Ostseeinseln. In der Umgebung von Ludwigslust in Mecklenburg-Vorpommern befindet sich auf einer Fläche von 117 ha die größte Bioplantage von Deutschland. Hier werden jedes Jahr bis zu 70 Tonnen der Sanddornbeeren geerntet. Große Bestände gibt es außerdem auf der Insel Rügen.

SO FINDEST DU IHN!

Wann?
August und Oktober

Wo?
Ursprünglich stammt der Sanddorn aus Asien. Er bevorzugt kalkhaltige Sand- und Kiesböden, sonnige Lagen, lichte Kiefern- und Trockenwälder. Er kommt auch in trockenen Flussauen, auf Schotterfluren und an steinigen Hängen vor. Er wächst an der Küste von Nord- und Ostsee und bis in Höhen von 1800 m in den Alpen. Du findest ihn gepflanzt in Gärten, Parks und immer häufiger entlang von Autobahnen.

Beste Freunde
Kiefer, Schwarzer Holunder

Wie?
Du kannst meditativ einzelne Beeren pflücken oder die Zweige zusammen mit den Früchten abschneiden und für einige Tage einfrieren. Danach lassen sich die Beeren sehr leicht von den Zweigen ernten. Eine weitere Möglichkeit ist, die Beeren an den Zweigen mit einem festen Handschuh zu zerdrücken und nur den Saft aufzufangen.

Sanddorn wächst besonders gerne auf den Ostseeinseln.

VORSICHT VERWECHSLUNG!

Feuerdorn

- Ähnliche Früchte in Orange, Rot oder Gelb, auch im Winter noch an den Zweigen
- Immergrüner Strauch
- Keine eingerollten Blätter
- Weiße Blüten
- Garten- und Ziergehölz
- Nicht für den Rohverzehr geeignet
- Gekocht für Marmelade nutzbar

VOLL WERTVOLLER INHALTSSTOFFE

Dass Sanddornprodukte gesund sind, haben unzählige Studien längst bewiesen. Wahrhaftig beeindruckend sind die Inhaltsstoffe des Sanddorns, allen voran der ungewöhnlich hohe Vitamin-C-Gehalt. Die Beeren enthalten nahezu 10-mal so viel Vitamin C wie Zitrusfrüchte. Es reichen schon 4–6 der Früchte, um den Tagesbedarf zu decken. Außerdem enthalten Sanddornfrüchte Gerbstoffe, Beta-Karotin, Kalzium, Eisen, Magnesium, Folsäure, fast alle B-Vitamine und fettlösliche E-Vitamine. Insbesondere beliebt ist der Sanddorn bei Vegetariern und Veganern, da er auch Vitamin B12 enthält, das sonst fast nur in tierischer Nahrung vorkommt.

TIPP *Das aus den Kernen gewonnene Sanddorn-Öl wirkt heilend bei Hautentzündungen und soll die Wundheilung fördern. In Studien wurde außerdem die schützende Wirkung des hochwertigen Öles auf die Haut nachgewiesen. Deshalb wird es oft in Kosmetikprodukten verwendet.*

SO VERWENDEST DU IHN!

Sanddornbeeren kannst du zu Sirup, Saft, Gelee, Tee, Mus oder auch Hautpflegeprodukten verarbeiten. Du kannst sie auch roh essen, doch den meisten Menschen schmecken sie aufgrund ihres sauren und herben Geschmacks eher nicht.

Sanddorn-Muttersaft

Sanddorn-Muttersaft kann kalt oder heiß hergestellt werden. Die heiß hergestellte Variante ist länger haltbar, doch bei der Kaltpressung bleiben mehr der wertvollen Inhaltsstoffe erhalten.

Für die kalt gepresste Variante die Früchte nach dem Säubern mit einem Stampfer etwas quetschen und danach durch ein Sieb drücken oder mit der Flotten Lotte Saft und Kerne trennen. Alternativ kann man die Beeren mit einer Saftpresse entsaften. Der übrig gebliebene Saft wird nicht gekocht und ist deshalb nur einige Tage haltbar. Durch die Zugabe von Vollrohrzucker oder Honig kann der Saft verfeinert werden.

Für die heiße Variante 2 kg Sanddornbeeren mit 1 l Wasser und 200 g Zucker in einem Topf kurz aufkochen lassen, bis die Beeren etwas gequollen sind, dann wie bei der kalt gepressten Variante verfahren.

Sanddorn-Sirup

Für die Herstellung von Sanddorn-Sirup kann der Muttersaft verwendet werden. Sanddorn-Muttersaft zu gleichen Teilen mit Wasser mischen. Pro Liter 1 kg Rohrzucker dazugeben, kurz aufkochen und für etwa 30 – 45 Minuten köcheln lassen, bis eine sirupartige Konsistenz entsteht. Anschließend sofort sehr heiß in vorgewärmte, gründlich gereinigte Flaschen füllen. Der Sirup schmeckt hervorragend zu Grieß- oder Reisbrei. Entweder direkt einrühren oder darübergeben.

APFEL-SANDDORN-SAHNE MIT MANDELSTIFTEN

So geht's

1. Die Sanddornbeeren waschen, mit 3 EL Wasser in einen Topf geben und aufkochen, bis die Beeren platzen. Durch ein Sieb streichen und das Mus mit dem Honig verrühren. Die Äpfel schälen, vierteln, Kerngehäuse entfernen, klein würfeln.
2. Die Sahne mit dem Puderzucker steif schlagen. Das Sanddorn-Honig-Mus unter die Sahne heben. Apfelwürfel untermischen. Die Masse auf Dessertschalen verteilen.
3. Die Mandelstifte in einem Pfännchen ohne Fett hellbraun anrösten und über die Apfel-Sanddorn-Sahne streuen. Sofort servieren.

Zutaten für 4 Portionen

50 g Sanddornbeeren
2 EL Akazienhonig
2 Äpfel
200 g kalte Sahne
2 EL Puderzucker
4 EL Mandelstifte

Zeitbedarf: 45 Minuten

KEIN DURCHKOMMEN

DIE SCHLEHE

Die Schlehe, die wegen ihrer schwarzen Rinde auch Schwarzdorn genannt wird, verzaubert im Frühjahr mit einer überreichen Blüte und bis weit in den Winter hinein mit den blau bereiften Beeren. Die Sträucher bieten vielen Vogelarten optimale Nistmöglichkeiten und sind für Menschen und größere Tiere ein undurchdringliches Dickicht.

SCHLEHE

Prunus spinosa

Schlehen blühen im Frühjahr als erste Wildsträucher. Die eindrucksvollen schneeweißen Hecken duften dann wunderbar. Im Herbst und Winter tragen sie die blauen Beeren lange an den Zweigen – wenn sie nicht von Vögeln gefressen werden.

SO SIEHT SIE AUS!

Bereifte blaue Beeren

Die Schlehe kommt meist in größeren Beständen vor, sie kann eine Höhe bis zu 3 m erreichen und 40 Jahre alt werden. Ihre Äste sind stark verzweigt und mit besonders spitzen, bis zu 2 cm langen Dornen besetzt. Ihre Rinde ist fast schwarz. Im März und April blühen die Schlehensträucher nur für einige wenige Tage als erste der Wildsträucher. Die leuchtend weißen Blüten erscheinen schon zeitig vor den Blättern. Die fein gezähnten, 2 – 5 cm langen Blätter sind büschelig und in einer Spirale um den Ast angeordnet. Die runden Beeren werden bis zu 15 mm groß und sind mit einer Reifschicht überzogen. Sie sind im unreifen Zustand grün und verfärben sich zur Reife dunkelblau.

Schlehen sind eine wichtige Nektarquelle für Insekten und Kinderstube für zahlreiche Schmetterlingsarten.

Nach dem ersten Frost kannst du Beeren schon vor Ort naschen.

Süßer durch Frost

Die zusammenziehende Wirkung der Gerbstoffe in den Schlehenfrüchten wird durch Frosteinwirkung gemildert. Ob das durch natürlichen Frost oder das Gefrierfach erfolgt, spielt keine Rolle. Daher ergibt es durchaus Sinn, bereits im Oktober oder November Schlehenbeeren zu ernten und für einige Tage einzufrieren. Wenn du eine Frostperiode abwartest, kann es sein, dass heimische Vögel wie Amseln und Drosseln schon längst den Strauch abgeräumt haben. Doch keine Sorge, wenn du schneller bist als sie: Für unsere gefiederten Freunde bleiben immer genügend Beeren übrig, an die du ohnehin nicht gelangen kannst.

SO FINDEST DU SIE!

Wann?
Die Beeren sind ab Oktober reif. Entweder du wartest dann mit der Ente bis zum ersten Frost, oder du gibst sie für einige Tage in das Gefrierfach.

Schlehenhecken prägen im Frühjahr die Landschaft mit einer fulminanten Blüte.

Wo?
Schlehen wachsen sehr gerne und in großen Beständen auf kalkhaltigen, verwilderten Weinbergen und Ödflächen. Auch entlang von Weg- und Waldrändern prägen sie da, wo sie sich ausbreiten können, das Landschaftsbild. Ihre Wurzeln bringen weit reichende Schösslinge hervor, die andere krautige Pflanzen immer mehr verdrängen.

Wie?
Schlehenbeeren lassen sich relativ leicht von den Zweigen nehmen, mit dem Ziehstock kannst du die beerenbewachsenen Äste etwas heranziehen. Bedingt durch ihre Größe hast du schnell die gewünschte Menge im Sammelkorb.

Beste Freunde
Roter Hartriegel, Obstbäume,
Kalk liebende Pflanzen

VORSICHT VERWECHSLUNG!

Weißdorn

- Ähnliche Blüten
- Blüten werden erst nach den Blättern gebildet
- Rote Beeren an längeren Stielen
- Wird höher
- Blätter 3 - bis 7-teilig

HEILMITTEL SEIT ALTERS HER

Schlehen stellen in der Geschichte der Menschen schon immer ein wichtiges Heilmittel dar. So wurden bei der Gletschermumie Ötzi neben den Pilzen Birkenporling und Zunderschwamm auch Schlehenbeeren gefunden und Hildegard von Bingen beschrieb in ihrem Werk »Physica« Hinweise für ihre Nutzungen bei Gicht- und Magenproblemen. In der Volksheilkunde werden Blüten, Rinde und Früchte verwendet. Die für die Heilwirkung verantwortlichen Inhaltsstoffe sind vor allem Flavonoide, Vitamin C sowie Gerb- und Bitterstoffe. Diese wirken schwach abführend, fiebersenkend, magenstärkend, entzündungshemmend, zusammenziehend und harntreibend.

TIPP *Bei einer winterlichen Wanderung kannst du schon draußen vom Strauch Schlehenbeeren naschen, denn diese sind jetzt schon weich geworden. Die Fruchtschicht der Schlehenbeere schmeckt etwas pelzig und lässt sich im Mund leicht vom relativ großen Kern lösen. Diesen solltest du nicht mitessen, denn er enthält das Blausäureglykosid Amygdalin, welches im Körper zu Blausäure umgewandelt wird.*

SO KANNST DU SIE VERWENDEN!

Die Beeren sollten immer nach dem ersten Frost gesammelt oder kurz tiefgefroren werden. Dann kannst du sie für Schlehenwein, Likör, Marmelade, Kompott und mehr verwenden. Die Blüten sind auffallend klein und zart. Du kannst sie vorsichtig mit Zuckerwasser besprühen und trocknen lassen. Sie eignen sich als feine Beigabe zu Eis oder Quarkspeisen.

Schlehenmus

1 kg Schlehen in 250 ml Wasser weich kochen und durch ein Sieb passieren. Pro 500 g Fruchtbrei unter ständigem Rühren ca. 180 g Zucker zugeben. Das Mus noch heiß in Schraubdeckel-Gläser füllen. Schmeckt ganz toll zu einem Gläschen Sekt!

Schlehen-Oliven

1 l Wasser, 400 g Salz, einige Thymianzweige und 1 Lorbeerblatt aufkochen bis sich das Salz komplett aufgelöst hat. Nachdem der Sud abgekühlt ist, 500 g Schlehen in einem Gefäß mit Deckel damit übergießen. Für ca. 8 Wochen an einen kühlen und dunklen Ort stellen. Danach die Beeren aus dem Sud nehmen und in kleinere, hübsche Gläser umfüllen. Diese mit einem guten Olivenöl auffüllen. Je nach Geschmacksvorlieben mit Knoblauch, Thymian, Oregano, Paprika oder Chili würzen. Wichtig ist, dass die »Oliven« vollständig mit Öl bedeckt sind.

REHRAGOUT MIT SCHLEHEN

So geht's

1. Das Rehfleisch kurz unter kaltem Wasser abbrausen, in einem Sieb gut abtropfen lassen. Die Schlehen waschen, mehrmals einschneiden und mit 200 ml Wasser in einen Topf geben. Aufkochen und zugedeckt bei mittlerer Hitze in 15 Minuten weich kochen.
2. Die Orange heiß waschen, mit Küchenpapier trocknen, etwa 2 EL Schale mit dem Zestenreißer abraspeln. Die Orange auspressen. Die Zwiebel schälen, das Suppengemüse waschen, putzen und – wenn nötig – schälen. Zwiebel und das Suppengemüse sehr klein würfeln.
3. In einem Schmortopf das Öl erhitzen. Die Fleischstücke mit Küchenpapier trocken tupfen und in dem Öl bei mittlerer Hitze in 10 – 15 Minuten anbräunen, dabei öfter wenden. Gemüse- und Zwiebelwürfel zu dem Ragout geben und goldgelb rösten. Das Tomatenmark einrühren und kurz anschmoren, Brühe dazugießen und unter Rühren aufkochen lassen.
4. Ein Sieb über den Topf hängen, die Schlehen mitsamt dem Sud einfüllen und das Fruchtfleisch mit einem Löffel zu dem Ragout streichen. Das Ragout mit der abgeriebenen Orangenschale, Orangensaft, Salz und Pfeffer abschmecken, zugedeckt bei schwacher Hitze 1 ½ Stunden schmoren. Bei Bedarf etwas Wasser nachgießen. Vor dem Anrichten nochmals abschmecken.

Zutaten für 4 Portionen

1 kg Rehfleisch (Schulter, Hals, Brust; möglichst ⅔ Fleischanteil, Rest Knochen; ca. 3 cm groß gewürfelt)

100 g reife Schlehen

1 Bio-Orange

1 große Zwiebel

1 Bund Suppengemüse

2 EL Öl

2 EL Tomatenmark

300 ml kräftige Gemüsebrühe

Salz, Pfeffer aus der Mühle

Zestenreißer

großer Schmortopf

Zeitbedarf: 40 Minuten + 1½ Stunden garen

HEILIGER BAUM DES LEBENS

DIE VOGELBEERE

Heute ist unsere Beziehung zu Bäumen meist nur auf den Nutzen des Holzes und der Früchte beschränkt. Anders bei unseren Vorfahren, denn bei ihnen spielten Bäume eine wesentlich wichtigere Rolle. So galt der Vogelbeerbaum bei den Germanen als heilig und wurde bei den Kelten zum Heiligen Baum des Lebens ernannt. Außergewöhnliche Orte und heilige Stätten wurden aufgrund dessen oft mit der Vogelbeere bepflanzt.

VOGELBEERE, EBERESCHE

Sorbus aucuparia

Die Vogelbeere ist das ganze Jahr über eine imposante Erscheinung. Im Frühjahr kannst du dich an den weißen Blüten erfreuen und im Herbst dienen die Früchte als Basis für leckere Speisen und Getränke.

SO SIEHT SIE AUS!

Zierlicher Baum

Die Vogelbeere ist sommergrün und gehört zu den Kernobstgewächsen, ihre Früchte sehen bei genauerem Hinschauen aus wie kleine Äpfel. Sie sind eigentlich gar keine »Beeren« im botanischen Sinne. Kennzeichnend sind die zierliche Wuchsform und die lichte Krone. Vogelbeerbäume können ein Alter von 150 Jahren erreichen und werden bis zu 15 m hoch. Die Blätter sind wechselständig angeordnet und bestehen aus 9 – 19 Fiedern. Die Blattoberseite ist mattgrün und abliegend, die Blattunterseite ist graufilzig behaart. Die Rinde ist zunächst glatt und hellgrau, später wird die Borke rissig. Im Herbst zeigt sich die Vogelbeere in wunderhübschen Gelb- und Rottönen. Die Blüten sind sogenannte Doldenrispen, die sich aus 200 – 300 Einzelblüten zusammensetzten. Ab Ende August reifen die kugeligen roten Beeren.

Von Mai bis Juli ist die reichliche Blüte ein toller Anblick.

Chlorophyll unter der Rinde.

Unter der Rinde ist sie grün

Gegenüber anderen Bäumen hat die Eberesche eine Besonderheit: Das für die Photosynthese notwendige grüne Chlorophyll befindet sich auch unter der dünnen, glatten Rinde der jungen Zweige, nicht nur in den Blättern. Somit kann sie mit der Umwandlung von Sonnenlicht in Energie längst vor dem Blattaustrieb beginnen.

Die Konkurrenz schläft nicht!

Mit der Ernte der Beeren solltest du dir nicht zu viel Zeit lassen, denn über 60 Vogelarten wie Amseln und Drosseln nutzen die Früchte als Nahrungsquelle. In der Tat geht es manchmal schnell, bis ein Drosselschwarm einen Baum komplett geleert hat. Daher stammen im Übrigen die bekannten Volksnamen Drossel- oder Krametsbeere.

Winterfutter für Drosseln.

SO FINDEST DU SIE!

Wann?
Ende August bis Oktober

Wo?
Die Vogelbeere kommt in ganz Europa vor. Die größten natürlichen Bestände findest du im Alpenraum und den Mittelgebirgen. Hier wächst sie an Waldrändern, in Gärten und Parks und als Hausbaum oder Einzelbaum an öffentlichen Plätzen. Sie ist anspruchslos und kommt mit den meisten Bodenarten gut zurecht, daher kann sie Öd- und Brachflächen schnell besiedeln.

Vogelbeeren können bis zu 15 m hoch werden.

Auch für Gärten ein Gewinn.

Wie?
Du benötigst meist eine Leiter, um an die Beeren zu gelangen. Der optimale Zeitpunkt zur Ernte ist nach dem ersten Frost, dann verlieren sie ihre Bitterkeit und bilden ein süßlich-herbes Aroma. Du kannst auch die Früchte mitsamt Stängel abschneiden und für einige Tage in den Gefrierschrank geben.

Beste Freunde
Holunder, Wildobst, andere Wildsträucher

VORSICHTIG VERWECHSLUNG!

Gemeine Esche 🍴
- Ähnliche gefiederte, gegenständige, lang gestielte Blätter
- Blüten unscheinbar
- Geflügelte Früchte, keine Beeren

Mehlbeere 🍴
- Ähnliche kugelige Früchte
- Blätter nicht gefiedert
- Blätter auf der Unterseite typisch weißfilzig behaart

HEILKRAFT FÜR DIE VERDAUUNG

Die Früchte und die Blätter der Eberesche spielten in der Geschichte der Menschen zu Heilzwecken schon immer eine große Rolle. In der Volksheilkunde wurden die Beeren auf Grund ihrer Inhaltsstoffe bei Magen-, Darm-, Leber- oder Gallenbeschwerden genutzt sowie als leicht abführendes und harntreibendes Mittel. Aufgrund des hohen Vitamin-C-Gehaltes galten die Beeren als wirksame Arznei bei Skorbut oder Erkältungskrankheiten und der Saft zum Gurgeln bei Halsbeschwerden oder Heiserkeit. Frische, nicht erhitzte Früchte haben eine schädigende Wirkung auf den menschlichen Organismus. Nach dem Verzehr einer größeren Menge kann es zu heftigem Durchfall, Magenschmerzen, Erbrechen und zu Nierenschädigungen kommen.

TIPP *Wenn du gerne eine Eberesche pflanzen möchtest, kannst du auf eine Kulturform der »Mährischen Vogelbeere« zurückgreifen. Ihre Beeren enthalten wesentlich mehr Vitamin C und sind durch den geringeren Gehalt an Gerbsäure weniger herb und zusammenziehend. Außerdem kannst du sie roh essen!*

SO KANNST DU SIE VERWENDEN!

Nicht roh essen! Nachdem die Früchte durch Frost oder Einfrieren etwas von ihrer Bitterkeit verloren haben, kannst du sie zu Fruchtsäften, Marmelade, Gelee oder zu leckerem Likör verarbeiten. Getrocknet und gemahlen dienen sie zum Strecken von Mehl. Du solltest aber maximal 20 % des Vogelbeerenmehls den anderen Mehlsorten beimischen.

Beschwipste Vogelbeeren

Benötigt werden 2,5 kg Vogelbeeren, 500 g brauner Zucker und 2 l Schnaps oder Wodka. Unter ständigem Rühren die Vogelbeeren mit dem Zucker kurz aufkochen, über Nacht stehen und ziehen lassen. Am nächsten Tag die Beeren noch mal zum Kochen bringen und gleich zu ⅔ in saubere Gläser füllen und mit dem Alkohol übergießen. Diese fest verschließen und auf den Kopf stellen. Kühl und dunkel für etwa 3 Monate gelagert entwickelt sich das volle Aroma. Schmeckt lecker zu Eis, Quarkspeisen oder einem Obstbecher.

Ebereschensenf

150 g gewaschene Vogelbeeren pürieren und mit 10 EL Apfelessig, 5 EL Honig und 1 EL Ahornsirup vermischen, dann langsam 70 g Senfpulver dazugeben. Das Ganze noch mal gut pürieren und etwa 10 Minuten nicht über 40 °C erhitzen. Diese Masse für 2 – 3 Stunden stehen lassen und anschließend in heiße, gespülte Gläser füllen. Der »Wilde Senf« passt gut zu Fleisch, gebackenem Käse oder Fisch.

PFIRSICH MELBA MIT EBERESCHENEIS

Zutaten für 4 Portionen

60 g Ebereschenbeeren
1 Apfel oder Birne (süß und mehlig; ca. 60 g)
85 ml Weißwein
100 g Zucker
200 ml Milch
1 TL Vanillezucker
2 frische Eigelb
70 g Sahne
4 Pfirsiche (möglichst weißfleischig)
250 g Himbeeren
1 – 2 EL flüssiger Honig

Zeitbedarf 1 Stunde + 3 – 4 Stunden kühlen

So geht's

1. Die Ebereschenbeeren verlesen und waschen. Den Apfel schälen, Kerngehäuse entfernen, klein würfeln. Beeren und Apfelwürfel mit Wein und 1 EL Zucker aufkochen, zugedeckt 10 Minuten kochen lassen. Durch ein Sieb streichen.
2. Die Milch mit 60 g Zucker, dem Vanillezucker und den Eigelben verquirlen. Über einem heißen Wasserbad schlagen, bis die Mischung bindet, dann die Schüssel sofort in kaltes Wasser stellen und die Masse unter wiederholtem Rühren abkühlen lassen. Das Ebereschen-Apfel-Püree untermischen. Die Sahne steif schlagen und mit dem Schneebesen unterheben. Die Mischung in eine Schale füllen und abgedeckt in 3 – 4 Stunden tiefrieren, dabei ab und zu durchrühren.
3. Die Pfirsiche kurz in kochendes Wasser tauchen, kalt abschrecken und etwas abgekühlt häuten. Pfirsiche halbieren, die Steine auslösen. Den restlichen Zucker mit 125 ml Wasser aufkochen, die Pfirsichhälften in den Sud legen und zugedeckt bei schwacher Hitze 5 Minuten ziehen lassen. Den Topf vom Herd nehmen und die Pfirsiche in dem Sud abkühlen lassen.
4. Die Himbeeren in einem Sieb kurz kalt abbrausen und abtropfen lassen. Ein paar Beeren beiseitelegen, die übrigen mit dem Pürierstab glatt mixen und durch das Sieb streichen. Mit dem Honig verrühren. Das Ebereschen-Eis etwa 30 Minuten vor dem Servieren in den Kühlschrank stellen.
5. Die Pfirsichhälften abtropfen lassen und auf Tellern anrichten. Mit dem Himbeerpüree übergießen, mit den ganzen Himbeeren garnieren. Das Ebereschenneis mit dem Eiskugelformer neben die Pfirsiche setzen.

MEISTER DER ANPASSUNG

DIE WACHOLDERBEERE

Wenn man in der Natur einen Wacholder sieht, stellt sich die Frage, ist das ein Baum oder ein Strauch? Was ihn so besonders macht, sind seine verschiedenen, an die örtlichen Gegebenheiten angepassten Wuchsformen. Mal in die Breite wachsend, dann schlank wie eine Säule und sogar am Boden niederliegend. Die Wacholderbeeren dienen in der Küche als Gewürz.

HEIDE-WACHOLDER

Juniperus communis

In Gebieten, in denen der Wacholder vorkommt, bildet er meist größere Bestände und prägt dann das Landschaftsbild. Der Grund: Weidetiere, hauptsächlich Ziegen und Schafe, mögen diesen stachligen Gesellen nicht und lassen ihn deshalb in Ruhe weiterwachsen.

SO SIEHT ER AUS!

Beerenförmige Zapfen
Der Wacholder kann eine Höhe von 12 m erreichen und bis zu 600 Jahre alt werden. Er ist das ganze Jahr über grün. Es gibt ihn sowohl als Strauch aber auch mit einem Stamm wie ein Baum. Die bis zu 2 cm langen, spitzen Nadeln sind sehr steif, wachsen an runden Zweigen und lassen sich nicht verbiegen. Zwischen Ende April und Anfang Juni findet die unscheinbare Blüte statt. Die männlichen Blüten sind gelblich und etwas größer als die weiblichen grünen Blüten. Die sogenannten Wacholderbeeren sind botanisch gesehen eigentlich beerenförmige Zapfen, die aus den weiblichen Blüten entstehen und einen Durchmesser bis zu 2 cm erreichen können.

Sehr spitze Nadeln mit weißem Band.

Weiß gestreift
Die Nadeln haben auf der Oberseite einen sehr markanten weißen Streifen. Dieser Streifen ist ein wachsüberzogenes Band aus winzigen Spaltöffnungen zum Gasaustausch. Mit einer Lupe kannst du ihn noch besser sehen.

Unreife grüne Zapfen im ersten Jahr nach der Bestäubung.

Sammeln oder noch warten?
Im Herbst des ersten Jahres sind die Beerenzapfen noch hart, grün und haben einen unangenehmen Geruch. Sie sind dann noch nicht zum Sammeln geeignet. Bis zum Sommer des zweiten Jahres beginnen sie fleischig zu werden, eine schwarzblaue Farbe mit Wachsüberzug anzunehmen und den typischen Geruch zu entwickeln. Jetzt ist der Zeitpunkt gekommen, um die »Beeren« zu sammeln.

So sind die Beeren erntereif.

SO FINDEST DU IHN!

Wann?
Die reifen Beeren können das ganze Jahr gesammelt werden.

Wo?
Der Wacholder ist weit verbreitet. Er wächst auf warmen, steinigen und sonnigen Kalkmagerrasen, trockenen Hängen, Magerflächen und am Rand von lichten Wäldern. Der Wacholder hat einen sehr hohen Lichtbedarf, deshalb gedeiht er nur im offenen Land gut. Man findet ihn vom Flachland bis in Höhen von 4000 m.

Eine typische Wacholderheide mit Kiefern.

Als Baum eine Rarität.

Wie?
Du kannst die Beeren einzeln vom Strauch zupfen oder kleine Zweige mit Beeren abschneiden. Benutze feste Handschuhe zum Festhalten der Äste.

Beste Freunde
Kiefern, Schlehen, roter Hartriegel, Berberitze

VORSICHT VERWECHSLUNG!

Sadebaum ☠
- Ähnliche beerenförmige, schwarzblaue Zapfen
- Maximal zwei Meter hoch
- Eher kriechender Wuchs
- Schuppenförmige Blätter mit sehr unangenehmem Geruch
- Nur noch selten in älteren Garten- und Klosteranlagen zu finden

EINE DER ÄLTESTEN HEILPFLANZEN

Schon seit Jahrtausenden nutzen Menschen den Wacholder als Heil- und Gewürzpflanze. Auf einer Papyrusrolle von 1550 v. Chr. aus dem alten Ägypten wurden bereits Heilrezepte mit Wacholder erwähnt. In der Volksheilkunde wird Wacholder bei Magenbeschwerden, Verdauungsproblemen, Aufstoßen, Sodbrennen, Leberproblemen oder Völlegefühl verwendet. Auch bei Arthritis, Rheuma und Gicht wird ihm eine positive Wirkung zugesprochen. Dabei werden getrocknete, reife Beerenzapfen, Ast- und Wurzelholz sowie das ätherische Öl der Beerenzapfen verwendet. Hildegard von Bingen beschrieb die Inhalation der Dämpfe gekochter Wacholderzweige zur Fiebersenkung und Anwendung bei Bronchitis. Wacholder sollte jedoch nicht während der Schwangerschaft oder bei Nierenerkrankungen verwendet werden.

Sehr alter Räucherstoff für Schutz- und Reinigungsrituale.

TIPP *Der Wacholder gilt schon seit Jahrtausenden als eine sehr wichtige Räucherpflanze. Er soll schützen und negative Energien von Menschen, die es nicht gut mit uns meinen, abwehren. Zum Räuchern gibt man 1 Esslöffel zerdrückte Wacholderbeeren auf die glühende Räucherkohle.*

SO VERWENDEST DU IHN!

Neben ätherischen Ölen enthalten Wacholderbeeren bis zu 30 % Zucker. Durch Vergärung und Destillation lassen sich alkoholische Getränke wie Gin, Genever, Steinhäger, Magenbitter, Liköre und Boroviska herstellen. Das Holz des Wacholders kannst du zum Räuchern von Würsten und Schinken verwenden.

Wacholderbeeren in der Küche

Wacholderbeeren dürfen als Gewürz in keiner Küche fehlen. Hier halten sie sich fest verschlossen und dunkel gelagert bis zu 3 Jahre. Allerdings darf man nicht übertreiben, weil sie leicht den Geschmack des Gerichts dominieren. Mit ihrem süßlich-würzigen und leicht harzigen Aroma passen die Beeren zu allen Kohlgerichten, Fleisch, Fisch- und Wildgerichten, Pasteten, Eintöpfen oder auch eingelegtem Gemüse. Auch zum Pökeln von Fleisch oder Fisch dürfen sie nicht fehlen. Sie können ganz oder zerdrückt bzw. gemahlen verwendet werden.

Salatdressing

Mit einem Mörser 2 Wacholderbeeren zerkleinern und mit einer Prise Salz, Pfeffer und Thymian vermengen. Diese Mischung mit 2 TL Essig, 2 TL Olivenöl und 1 TL Senf einem Dressing verrühren und je nach Geschmack mit ein wenig Honig und Sahne verfeinern. Schmeckt besonders lecker zu Feldsalat.

Wacholderbitter

Eine Handvoll reife Wacholderbeeren im Mörser leicht quetschen und mit 5 – 10 Gewürznelken in eine Glasflasche mit 250 ml Inhalt geben. 200 ml Wodka oder Kornschnaps darüber gießen und für 6 Wochen an einem dunklen Ort stehen lassen. Beeren und Nelken herausfiltern und den Wacholderbitter in eine dunkle Flasche füllen. Bei Völlegefühl oder nach einem fetten Essen 20–30 Tropfen in ein Glas Wasser geben und trinken, um dem Magen etwas Gutes zu tun.

SCHWEINESTEAKS MIT KÜRBIS-PÜREE

So geht's

1. Die Orangen heiß waschen und abtrocknen. Die Schale fein abreiben, den Saft von 1 Orange auspressen. Thymianblättchen zupfen. Knoblauch schälen und mit Wacholder, Kürbiskernen, Orangenschale und Thymian fein hacken. Die Steaks in der Gewürzmischung wenden, zudecken und 1 Stunde kalt stellen.
2. Den Kürbis halbieren, Kerne und Fasern entfernen – Hokkaidokürbisse muss man nicht schälen, die meisten anderen Sorten schon. Kürbishälften in Spalten schneiden, die Spalten würfeln. Zwiebeln schälen, ebenfalls würfeln. Beides mit 2 EL Butter 5 Minuten zugedeckt dünsten. Mit Kokosmilch aufgießen und bei mittlerer Hitze 15 Minuten weich kochen. Mit Salz, Pfeffer und Muskat abschmecken und pürieren. Das Püree warm stellen.
3. Die Steaks noch einmal in den Gewürzen wenden, salzen und mit Öl in einer Pfanne bei mittlerer Hitze 5 – 6 Minuten braten, einmal wenden. Steaks aus der Pfanne nehmen und auf einem Teller kurz ruhen lassen. Bratensatz mit Gin, Rotwein und Orangensaft ablöschen, mit einem Holzlöffel lösen, um die Hälfte einkochen lassen. Den ausgetretenen Fleischsaft in die Pfanne geben. Restliche Butter unterrühren, nicht mehr kochen. Die Steaks mit dem Kürbispüree und der Sauce anrichten.

Zutaten für 4 Portionen

3 Bio-Orangen
½ Bund Thymian
4 Knoblauchzehen
2 EL Wacholderbeeren
6 EL Kürbiskerne
8 kleine Schweinesteaks (je ca. 90 g aus Rücken, Keule oder Hals)
1 Hokkaidokürbis (ca. 1,2 kg)
2 Zwiebeln
4 EL kalte Butter
300 ml Kokosmilch
Salz, Pfeffer, Muskat
2 EL Öl
4 cl Gin
100 ml Rotwein

Zeitbedarf: 30 Minuten + 30 Minuten garen + 1 Stunde kühlen

HERZSTÄRKUNG AUS DER NATUR

DER WEISSDORN

Bei Kräuterwanderungen sind die Teilnehmer oft überrascht, wenn sie vor einem imposanten Strauch stehen und erfahren, dass es sich um den Weißdorn handelt. Die Wirkung der Blüten, Blätter und Früchte des Weißdorns zur Herzstärkung ist schon lange bekannt und er ist in zahlreichen Präparaten enthalten. Wie die Heilpflanze tatsächlich aussieht, wissen jedoch die wenigsten. Dabei ist sie gar nicht so selten.

WEISSDORN

Crataegus monogyna – Crataegus laevigata

Eingriffliger und Zweigriffliger Weißdorn sind nicht einfach auseinanderzuhalten. Erschwerend kommt hinzu, dass die beiden sich gerne kreuzen. Für dich ist das nicht so wichtig: Nutzen kannst du sie beide!

SO SIEHT ER AUS!

Imposante Blüte

An den roten Staubbeuteln sind beide Weißdorne gut zu erkennen.

Den Weißdorn findest du als sommergrünen, stark verzweigten und dornigen Baum oder Strauch in der Natur. Wie tief die Blätter eingeschnitten sind sowie die Anzahl der Griffel ist wichtig für die Bestimmung der Art. Da beide Arten sich gern kreuzen, sind aber oft Merkmale von Eingriffligem und Zweigriffligem Weißdorn an derselben Pflanze zu finden. Die weißen Blüten stehen in Doldenrispen und haben deutlich sichtbare rote Staubbeutel. Die Rinde ist grau bis dunkelbraun und zunächst glatt. Erst später entwickelt sich die Borke schuppenförmig mit deutlichen Furchen. Die roten, rund-länglichen Früchte haben gelbes, mehliges Fruchtfleisch mit einem Steinkern und hängen traubenförmig nach unten. Botanisch korrekt handelt es sich im Übrigen nicht um Beeren, sondern Apfelfrüchte.

Heckendorn und Hagapfel

Der Weißdorn hat viele Volksnamen, die oft schon einen Hinweis auf seine Nutzung geben. Mit solchen Wortkombinationen gaben unsere Vorfahren äußerst geschickt für jeden verständlich diesem Strauch einen Namen mit seiner Bedeutung und seinen Eigenschaften. Um nur einige zu nennen: Hagedorn, Heckendorn, Weißheckdorn, Christdorn, Hagapfel, Mehldorn oder Zaundorn. Man pflanzte den Weißdorn als schützende Hecke und Zaun um Häuser und Weideflächen. So hielt er zum einen Raubtiere wie Wölfe davon ab, in die Siedlungen zu gelangen, und hinderte zum anderen Haustiere an der Flucht in die Freiheit. Der Begriff Mehldorn gibt einen Hinweis auf den mehligen Geschmack, wenn man die Beeren roh verzehrt.

SO FINDEST DU IHN!

Wann?
Die Blüten im Mai und Juni, die Beeren zwischen Ende August und Oktober

Wo?
Der Weißdorn kommt auf sonnigen bis halbschattigen, kalkhaltigen und lehmigen Standorten in fast ganz Europa vor. Er wächst oft in Heckensäumen, entlang von Waldrändern, in lichten Laub- und Kiefernwäldern, verwilderten Gärten und Weinbergen oder als einzelner Strauch.

Wie der Namen schon sagt: Weiße Blüten und kräftige Dornen.

Mit einer Baumschere kannst du gleich mehrere Beeren ernten.

Wie?
In »Beerenjahren« hängen die Zweige voller roter Früchte und du kannst rasch eine größere Menge ernten. Entweder sammelst du die einzelnen Beeren direkt oder du schneidest sie zusammen mit den Stielen ab und trennst die Beeren zu Hause ab. Vorsicht vor den Dornen!

Beste Freunde
Wildobst, Schlehe, Hartriegel, Schneeball und andere Wildsträucher

VORSICHT VERWECHSLUNG!

Schlehe

- Ähnliche weiße Blüten
- Gelbe Staubbeutel
- Blütezeit früher und vor Blattaustrieb
- Beeren blau und größer
- Wächst weniger hoch

WERTVOLLE HEILPFLANZE

Seit Jahrhunderten weiß man um die heilende Wirkung des Weißdorns auf Herz und Kreislauf. Heute gilt er nicht nur in der Naturheilkunde als das am besten untersuchte natürliche Mittel zur Herzstärkung und bei nachlassender Leistungsfähigkeit. Die wirksamen Substanzen stecken sowohl in den Blättern als auch in Blüten und Beeren. Weißdorn normalisiert die Herzschlagfrequenz, schützt die Herzkranzgefäße und verbessert die Sauerstoffversorgung des Herzens. Wie bei den meisten Naturheilmitteln setzt die Besserung erst nach einiger Zeit, dann aber nachhaltig ein. Deshalb sollten Weißdornprodukte als Tee, Tinktur oder Tabletten über einen längeren Zeitraum eingenommen werden. Um auf die Bedeutung dieser Pflanze aufmerksam zu machen, wurde der Weißdorn 2019 zur Arzneipflanze des Jahres ernannt.

TIPP *Herzstärkende Tropfen: Ein altes Marmeladenglas etwa zur Hälfte mit Blüten, Blätter und mit getrockneten Beeren (selbst gesammelt oder aus der Apotheke) füllen. Das Ganze mit einem hochprozentigen Schnaps übergießen und an einem hellen Platz bei Zimmertemperatur für ca. 4 Wochen ziehen lassen. Ab und zu schütteln und dann abseihen. Ich nehme 3-mal tgl. 10 – 15 Tropfen.*

SO KANNST DU IHN VERWENDEN!

Die Beeren lassen sich zu Marmelade, Gelee oder einem leckeren Likör verarbeiten. Oder du probierst mal junge Triebe und Blätter in einem Salat oder die mit Zuckerwasser kandierten Blüten. Die filigranen Süßigkeiten sehen als essbare Deko toll zu Eis oder Quarkspeisen aus.

Weißdorn-Feigen-Chutney
200 g gewaschene Weißdornbeeren, das Mark einer Vanilleschote und 100 ml Apfelsaft über Nacht zum Einweichen in eine Schüssel geben. Am nächsten Tag 400 g klein geschnittene Feigen, einen halben Apfel ohne Kerne, eine Schalotte, 150 g braunen Zucker und 100 ml Weißweinessig dazugeben. Mit 1 Messerspitze Zimt, Nelken, ½ TL Orangenabrieb sowie einer Prise Salz und Pfeffer würzen. Nun das Ganze kurz in einem Topf aufkochen und dann 15 Minuten bei reduzierter Temperatur einköcheln lassen. Passieren – zum Beispiel mit der Flotten Lotte – und die Masse in saubere kleine Einmachgläser füllen. Schmeckt super zu gebackenem Käse und hält sich im Kühlschrank einige Wochen.

Weißdornlikör
Etwa 500 g Weißdornbeeren waschen und leicht quetschen. Dann die Beeren zusammen mit 250 g braunem Kandiszucker und einer Vanilleschote in eine weithalsige Flasche geben. 1 l Wodka darüberschütten, sodass die Früchte vollständig bedeckt sind. Den Likör jeden Tag mit einem Löffel durchrühren. An einem dunklen Ort für mindestens 4 Wochen reifen lassen.

WEISSDORNGELEE MIT BIRNENSAFT

1. Die Weißdornbeeren entweder im Dampfentsafter entsaften oder knapp mit Wasser bedeckt kochen und den Saft durch ein Passiertuch oder Sieb gut ablaufen lassen und auffangen.
2. Den Weißdornsaft etwas abkühlen lassen und 400 ml davon abmessen. Den frischen Saft zusammen mit Birnen- und Zitronensaft in einen Topf geben und den Gelierzucker zugeben. Die Mischung erhitzen und 4 Minuten oder nach Packungsanweisung sprudelnd kochen lassen. Eine Gelierprobe machen.
3. Gelee in sterilisierte Gläser abfüllen und sofort gut verschließen.

Zutaten für ca. 1 kg

800 g Weißdornbeeren
400 ml klarer Birnensaft
Saft von 1 Zitrone
500 g Gelierzucker 2:1
Passiertuch oder feines Sieb
Gläser

Zeitbedarf: 1 Stunde

SERVICE

Zum Weiterlesen

Otmar Diez
Unsere essbaren Bäume und Sträucher
Kosmos 2019

Rudi Beiser
Unsere essbaren Wildpflanzen
Kosmos 2018

Karin Greiner
Bäume – in Küche und Heilkunde
AT 2017

Joachim Mayer,
Heinz-Werner Schwegler
Welcher Baum ist das?
Kosmos 2018

Carmen Mayr
Köstliche Wildpflanzen und Beeren
Kosmos 2018

Margot Spohn, Roland Sohn,
Marianne Golte-Bechtle
Was blüht denn da?
Kosmos 2015

Dr. Markus Strauß
Die Waldapotheke
Knaur 2017

Giftnotrufzentralen und Giftinformationszentren

Über folgenden Link gelangst du zur Übersicht der Giftnotrufzentralen und Giftinformationszentren in Deutschland, Österreich und Schweiz des Bundesamts für Verbraucherschutz und Lebensmittelsicherheit (BVL):
www.kosmos.de/giftnotrufzentralen

Deutschland
Berlin 030 – 19240
Bonn 0228 – 19240
Erfurt 0361 – 730730
Freiburg 0761 – 19240
Göttingen 0551 – 19240
Homburg 06841 – 19240
Leipzig 0341 – 9724666
Mainz 06131 – 19240
München 089 – 19240

Österreich
Wien +43 1 406 43 43

Schweiz
Zürich +41 44 251 51 51

REGISTER

Arten und Begriffe

Rezepte

IMPRESSUM

Mit 166 Fotos. 9 von Alexander Walter (19, 27, 35, 43, 51, 59, 67, 83, 91, Kl. hinten), 14 von Frank Hecker (14, 30, 33/o, 38, 46, 47/o, 48/u, 54, 64/o, 65/li, 70, 78, 81/o, 86), 1 von Hans Gerlach (99), 2 von Heiko Bellmann/Hecker (62, 94), 112 von Otmar Diez (Kl. vorne, 1, 4, 6, 7/re, 8/oli, 8/re, 9, 10, 11, 15, 16, 17, 18, 23, 24, 25, 26/li, 26/ure, 31, 32, 33/u, 34, 39, 40, 41/o, 42, 48/o, 49, 50, 55, 56, 57, 58/o, 58/mi, 63/o, 63/mi, 65/re, 66, 68/69, 71, 72/o, 73/o, 74, 75, 79, 80, 81/u, 82, 87/o, 87/mi, 88/o, 88/u, 89, 90/o, 90/u, 95, 96, 97, 98, 100/101, 102, 103, 104/o, 104/mi, 105, 106, Kl. hinten außen), 2 von Rogge & Jankovic Fotografen, Düsseldorf (104/u, 107), 26 von Shutterstock (Kristaps K: 2/3, Alex Coan: Kl. vorne, 20/21, Ann Louise Hagevi: Kl. vorne, 36/37, bonilook: 1, 84/85, Den4ikSTUDIO: Kl. vorne, 28/29, Elena Schweitzer: 58/u, emberiza: 73/mi, grey_and: 26/ore, GSDesign: Kl. hinten, 63/u, Hajakely: Kl. vorne, 52/53, Igor Marx: Kl. vorne, 44/45, Juha Saastamoinen: 87/u, Konstantin LKM: Kl. vorne, 12/13, Kostiantyn Kravchenko: 47/u, LianeM: 1, 92/93, Nataliia Sokolovska: 64/u, Olexandr Panchenko: 90/mi, Peter Hermes Furian: 33/mi, Peter Turner Photography: 88/mi, photolike: 72/u, Shamsiya Saydalieva: 1, 76/77, Soyka: 7/li, Tamara Kulikova: 8/uli, 41/mi, TCreative Media: 1, 60/61, Vlad Siaber: 22).

Mit 13 Illustrationen. 11 von Marianne Golte-Bechtle (5, 14, 22, 38, 46, 54, 62, 70, 78, 86, 102), 2 von Sigrid Haag (30, 94).
Foto Autorenportrait von Bernd Sachs.
Die Rezepte stammen von Reinhardt Hess (19, 27, 35, 43, 59, 67, 75, 83, 91), Rose Marie Donhauser (51), Hans Gerlach (99) und Anne Rogge (107), alle übrigen vom Autor.
Umschlaggestaltung von Claudia Adam Graphik Design, Darmstadt, unter Verwendung zweier Fotos von shutterstock/colin robert varndell (Schlehe und Weißdorn) und shutterstock/C.o.o.p.e.r (Heidelbeere).

WICHTIGE HINWEISE FÜR DEN NUTZER Für die in diesem Buch beschriebenen Rezepte und Methoden übernehmen Autor und Verlag keine Haftung. Weder Autor noch Verlag haften für Schäden, die aus der Anwendung der im Buch vorgestellten Hinweise und Ratschläge entstehen können. Bei gesundheitlichen Störungen sprechen Sie sich mit Ihrem Arzt oder Heilpraktiker ab. Die vorgestellten Methoden bieten keinen Ersatz für eine therapeutische oder medizinische Behandlung.

Unser gesamtes Programm finden Sie unter **kosmos.de**.
Über Neuigkeiten informieren Sie regelmäßig unsere Newsletter, einfach anmelden unter **kosmos.de/newsletter**
Besuchen Sie uns auch auf Facebook auf **KOSMOS Natur**.

Gedruckt auf chlorfrei gebleichtem Papier

ISBN 978-440-16986-5
Lektorat und Redaktion: Lisa Hummel
Satz: Claudia Adam Graphik Design, Darmstadt
Produktion: Markus Schärtlein
Druck und Bindung: Longo AG, Bozen
Printed in Italy/Imprimé en Italie

FSC www.fsc.org
MIX
Papier aus verantwortungsvollen Quellen
FSC® C023164

INTERVIEW MIT DEM AUTOR

Otmar Diez machte zahlreiche Ausbildungen an der Paracelsus Schule in Würzburg und Erfurt, der Naturschule Freiburg und im Pilzzentrum Hornberg. Im Jahr 2019 erschien zum Thema essbare Wildpflanzen sein Buch »Unsere essbaren Bäume und Sträucher« beim Kosmos Verlag. Seit 2011 betreibt er eine Naturschule in der Rhön (*www.naturschule-diez.de*). Gemeinsam mit seiner Tochter Julia gibt er sein Wissen und die Begeisterung für die Natur in verschiedenen Seminaren weiter.

Wie haben Sie Ihre Leidenschaft für die Natur entdeckt?
Seit etwa 20 Jahren versuche ich, ein möglichst naturgemäßes Leben zu führen. Neben der Selbstversorgung aus meinem Garten, suche ich Wildkräuter und essbare Teile von Bäumen und Sträuchern, ganz besonders gerne Beeren.

Was ist das Besondere an selbst gesammelten Wildbeeren?
Wildbeeren sind wirklich sehr gesund und sie schmecken viel intensiver als die Zuchtbeeren aus dem Supermarkt.

Welche ist Ihre Lieblingsbeere und warum?
Holunder finde ich ganz besonders lecker und sehr vielseitig verwendbar. Aus den Blüten und Beeren kann man Marmelade, Gelee, Sirup oder Saft herstellen. Nicht zu vergessen: die ausgebackenen Blüten mit einem Eis!

Im Buch gibt es immer wieder Tipps für Beeren im Garten. Kann man auch auf dem Balkon Beeren anbauen?
Ja. Einige Beeren wie Heidelbeeren, Himbeeren, Brombeeren oder Preiselbeeren kann man, wenn man den Boden entsprechend präpariert, sehr gut in Töpfen, als Säulenbeeren oder in Hängeampeln anbauen. Hier gibt es immer neue Züchtungen.

Haben Sie noch einen Tipp für Einsteiger?
Ich finde es sehr sinnvoll, sich zunächst mit den Pflanzen zu beschäftigen, die man sicher kennt und auch in seinem Umfeld sammeln kann. Danach kann man unbekannte Pflanzen kennenlernen und neue Rezepte ausprobieren.